Frauke Pfeiffer

Chemie kompaktWissen

5.–10. Klasse
mit Lern-Videos

Klett Lerntraining

Bibliografische Information der Deutschen Nationalbibliothek
Die Deutsche Nationalbibliothek verzeichnet diese Publikation in der Deutschen Nationalbibliografie; detaillierte bibliografische Daten sind im Internet über http://dnb.dnb.de abrufbar.

Dieses Werk folgt der neuesten Rechtschreibung und Zeichensetzung. Ausnahmen bilden Texte, bei denen künstlerische, philologische oder lizenzrechtliche oder andere Gründe einer Änderung entgegenstehen.

7. Auflage 2024

www.klett-lerntraining.de
Der Online-Zugang zu den Videos ist bis drei Jahre nach Erscheinen des Buches gewährleistet.
Umschlagfoto: Designed by Starline – Freepik.com
Illustrationen: Dr. Martin Lay, Breisach a. Rh.: S. 40, 109 und 110
Satz: DTP-Studio Eckhardt, Göppingen
Druck: AZ Druck und Datentechnik GmbH, Kempten
Printed in Germany
ISBN 978-3-12-926102-6

INHALT

INHALT

INHALT

INHALT

Alle Lern-Videos auf einen Blick

Vorwort

Hallo liebe Schülerin, hallo lieber Schüler!

Wie war das noch mal mit den *Sauerstoffmolekülen?* Oder wie funktioniert das *Bohr'sche Atommodell?* – Du möchtest im Unterricht, zu Hause oder unterwegs alle Chemie-Themen immer griffbereit haben?
Mit diesem handlichen Buch kannst du jederzeit und schnell alle wichtigen Themen nachlesen.

So findest du dich im Buch zurecht:

1. Jedes Kapitel beginnt mit einem **QUICK-FINDER**.
   Ein Quick-Finder ist ein extra Inhaltsverzeichnis. Hier findest du schnell und gezielt die einzelnen Themen.

2. Jedes Thema ist mit **BEISPIELEN** und **TIPPS** anschaulich erklärt, so kannst du auch die schwierigen Themen problemlos verstehen.

3. Besonders schwierige Themen kannst du dir auch über kostenlose **LERN-VIDEOS** erklären lassen. Auf der vorderen Umschlag-Klappe wird genau erklärt, wie du zu den Videos gelangst. So hast du deinen persönlichen Nachhilfelehrer immer in der Tasche.

Wir wünschen dir viel Erfolg mit deinem KompaktWissen!
Dein Klett-Lerntraining-Team

1 Stoffe und Stoffgemische

QUICK-FINDER

1.1 Stoffe

1.2 Eigenschaften

1.3 Trennen

1.1 Stoffe

Was sind Stoffe?

Nahrungsmittel und Getränke, Kleidung, Werkzeug oder auch Computer und MP3-Player – all diese Dinge bestehen aus Stoffen. Gegenstände können ähnlich aussehen oder sich ähnlich anfühlen und bestehen doch oft aus unterschiedlichen Stoffen. Manche Stoffe bemerkt man gar nicht, weil sie unsichtbar, geruchlos und geschmacklos sind, z.B. Luft.

Unterscheidung von Stoffen

Stoffe lassen sich durch ihre **charakteristischen Eigenschaften** voneinander unterscheiden. Manche Eigenschaften wie Farbe und Geruch kann man selber erkennen. Für die Bestimmungen anderer Eigenschaften wie Schmelzpunkt, Siedepunkt oder Dichte benötigt man bestimmte Geräte.

1.2 Eigenschaften

Aggregatzustände

Ein Stoff kann fest, flüssig oder gasförmig sein. Diese Zustandsform hängt von der Temperatur und dem Druck der Umgebung ab. Die folgenden Beispiele beziehen sich auf 20 °C und Normaldruck (1013 hPa = 1,013 bar).

Beispiele:		
fest	**flüssig**	**gasförmig**
Gold	Wasser	Kohlendioxid
Kochsalz	Cola	Luft

Wechsel des Aggregatzustands

Der Wechsel des Aggregatszustandes hat keinen Einfluss auf die Zusammensetzung des Stoffes und ist **umkehrbar**. Sinkt die Temperatur bei Normaldruck auf 0 °C oder darunter, dann gefriert flüssiges Wasser zu festem Eis; steigt die Temperatur auf 100 °C oder darüber an, so verdampft flüssiges Wasser und geht in gasförmigen Wasserdampf über. Der Stoff „Wasser" verändert sich dabei nicht, nur sein Aggregatzustand. Ebenso ist geschmolzene Butter immer noch der Stoff „Butter" wie im festen Zustand; kühlt man sie ab, wird sie wieder fest.

Sublimation

Wenn ein Stoff vom festen Aggregatzustand direkt in den gasförmigen wechselt, nennt man dies Sublimation. So geht beim Trocknen von nasser Wäsche in der Kälte das gefrorene Wasser direkt in gasförmigen Wasserdampf über. Der umgekehrte Vorgang, also der Übergang von Gas zu Feststoff, heißt **Resublimation**.

Besonders wichtig: Das Teilchenmodell

Durch das Teilchenmodell kann man die unterschiedlichen Aggregatzustände verstehen: Stoffe bestehen aus kleinsten Teilchen, die ständig ungeordnet in Bewegung sind. Je nach Aggregatzustand herrschen

hohe Anziehungskräfte und deshalb nur geringe Bewegungen **(fest)**, mittlere Anziehungskräfte und gegeneinander bewegliche Teilchen **(flüssig)** oder fast keine Anziehungskräfte und die größtmögliche Ausbreitung **(gasförmig)** der Teilchen. Zur Überwindung der Anziehungskräfte zwischen den Teilchen wird **Energie**, z. B. in Form von Wärme, benötigt.

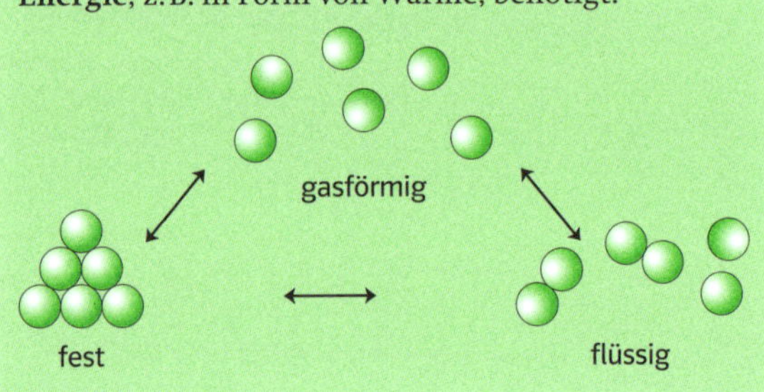

Schmelztemperatur und Siedetemperatur

Jeder Stoff weist eine ihm eigene Schmelztemperatur und Siedetemperatur (gleichbedeutend: Schmelzpunkt und Siedepunkt) auf, die zu seiner Identifizierung dienen können. Sie sind vom **Druck** der den Stoff umgebenden Atmosphäre abhängig.

Bezeichnung der Übergänge

- Den Übergang zwischen festem und flüssigem Aggregatzustand nennt man **Schmelzen**, den zwischen Flüssigkeit und Gas **Sieden** oder **Verdampfen**.
- Die umgekehrten Vorgänge heißen **Kondensation** (von gasförmig zu flüssig) und **Erstarren** (von flüssig zu fest), bei Wasser auch **Gefrieren**.

Die Temperatur des Wechsels eines Aggregatzustandes ist gleich – egal, aus welcher „Temperaturrichtung“ der Stoff kommt. Die Siedetemperatur von z.B. Wasser ist also identisch mit der Kondensationstemperatur. Als Abkürzung gibt man oft für die Schmelztemperatur T_M („M“ steht für „melting“, englisch für „schmelzen“) oder ϑ_{sm} (ϑ und auch θ sind möglich, Aussprache: „Theta“) an. Die Siedetemperatur gibt man mit T_B („B“ für „boiling“, also „sieden“) bzw. ϑ_{sd} an.

Beispiele:

Stoff	Schmelzpunkt [°C]	Siedepunkt [°C]
Wasser	0	100
Brom	−7,3	59
Gold	1064,2	2856
Ammoniak	−77,7	−33

Temperatureinheiten

Unsere Temperatureinheit °C, also Grad Celsius, wurde **1742** anhand der Aggregatzustände des Wassers festgelegt. Der schwedische Wissenschaftler Anders Celsius notierte, wann Eis gefror bzw. schmolz, dies wurde als 0 °C festgelegt. Genauso ist 100 °C einfach die Temperatur, bei der Wasser siedet bzw. kondensiert.

Hinweis: Es gibt auch andere Temperatureinheiten wie **Grad Fahrenheit °F**, das hauptsächlich in den USA eingesetzt wird, und das **Kelvin K** (ohne das Wort „Grad“), welches in der Wissenschaft verwendet wird: 0 K ist der **absolute Nullpunkt**, das sind −273,15 °C.

Temperaturverlauf

Beim Übergang von einem Aggregatzustand in den anderen stellt man keine Temperaturänderung fest. Wenn man z. B. Wasser von Zimmertemperatur ausgehend in einem offenen Gefäß erhitzt und dabei die Temperatur des Wassers mit einem Thermometer misst, bemerkt man, dass sie ständig steigt. Wenn sich Blasen bilden, siedet das Wasser, es „kocht". Das Wasser liegt nun zum Teil flüssig, zum Teil gasförmig als Wasserdampf vor. Das Thermometer zeigt **keinen weiteren Temperaturanstieg** an; es wird so lange auf 100 °C stehen bleiben, wie sich noch flüssiges Wasser im Gefäß befindet. Der Grund: Die Energie in Form von Wärme führt am Siedepunkt nicht mehr zur Erwärmung des Stoffes, sondern wird für die **Aufbrechung der Anziehungskräfte** zwischen den einzelnen Teilchen benötigt. Erst wenn alle Bindungskräfte zerstört sind, erhöht sich die Temperatur des Stoffes in seinem neuen Aggregatzustand Gas wieder.

Temperaturverlauf beim Erhitzen von Wasser

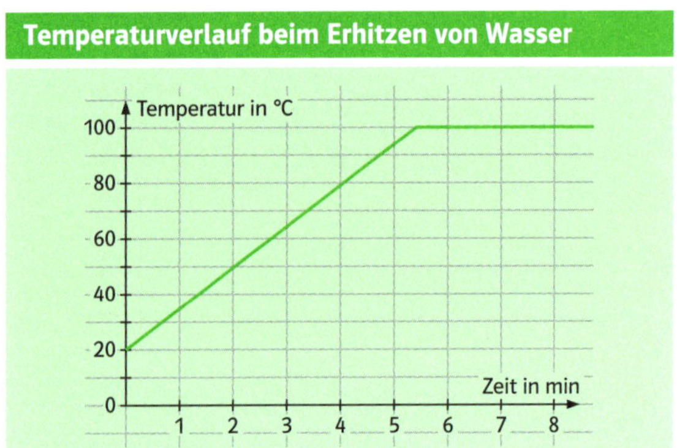

Dichte

Die Dichte eines Stoffes ist die Masse, die ein bestimmtes Volumen dieses Stoffes hat; sie ist für jeden Stoff spezifisch. Sie wird in Gramm pro Kubikzentimeter $\left(\frac{g}{cm^3}\right)$ angegeben und durch das griechische Symbol ρ (Rho) dargestellt. Auch die Dichte ist abhängig von Temperatur und Druck; wir gehen wieder von 20 °C und Normaldruck aus. **Wasser** hat die Dichte $1\frac{g}{cm^3}$, deshalb ist die Masse von 100 mL = 100 cm^3 Wasser 100 g.

Volumen

Als Volumen bezeichnet man die Raumausfüllung eines Stoffes, es wird angegeben in **Kubikmeter m^3** oder auch – hauptsächlich bei Flüssigkeiten – in **Liter L**.

Hinweis: Ein kleines „l" ist als Schreibweise ebenfalls üblich, kann aber mit der Zahl 1 verwechselt werden.

Maßeinheiten von Volumen:

L	andere Bezeichnung	m^3	andere Bezeichnung
1000		1	
1		0,001	1 dm^3 (Kubikdezimeter)
0,001	1 mL (Milliliter)	0,000001	1 cm^3 (Kubikzentimeter)

Beispiele für unterschiedliche Dichten

1 dm^3 Aluminium nimmt genauso viel Raum ein wie 1 dm^3 Eisen, seine Masse ist aber viel geringer, nämlich nur 2,7 kg statt 7,9 kg. Die Dichte von Aluminium ist also bedeutend geringer als die von Eisen, es gehört zu den Leichtmetallen. Sie beträgt $2{,}7\,\frac{g}{cm^3}$, die von Eisen $7{,}9\,\frac{g}{cm^3}$.

Ermittlung der Dichte

Wenn man Masse und Volumen eines Stoffes bestimmt, kann man dadurch seine Dichte ermitteln:

$$\text{Dichte } \rho = \frac{\text{Masse } m}{\text{Volumen } V}$$

Löslichkeit

Feststoffe, aber auch Flüssigkeiten und Gase können sich unter bestimmten Voraussetzungen mit einer Flüssigkeit, die man dann **Lösungsmittel** nennt, mischen.

Vorgang des Lösens

„Lösen" bedeutet, dass ein in ein Lösungsmittel gegebener Stoff in seine einzelnen Teilchen „aufgebrochen" wird. Jedes Stoffteilchen (farbig) ist dann von Teilchen des Lösungsmittels (grau) umgeben. Bei Wasser als Lösungsmittel, nennt man diese umgebenden Wasserteilchen **Hydrathülle.** Stoffe, die sich nicht in Wasser lösen, lassen sich häufig mit anderen Lösungsmitteln mischen. Ein typisches Beispiel ist die Entfernung von Nagellack mit Nagellackentferner.

Modellvorstellung des Lösungsvorgangs

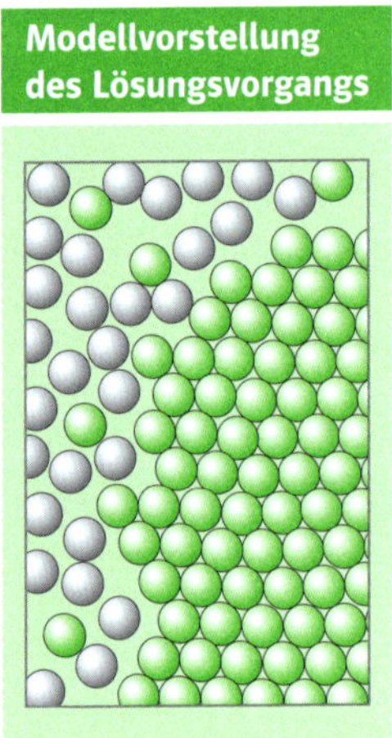

Löslichkeit

Für jeden Stoff gibt es eine **maximale Menge**, die in einem bestimmten Lösungsmittel gelöst werden kann. Diese Eigenschaft wird Löslichkeit genannt. Sie ist bei

den meisten Stoffen **abhängig von der Temperatur** (bei Feststoffen steigt sie in der Regel mit der Temperatur, bei Gasen sinkt sie meistens) und eine **charakteristische Eigenschaft** dieses Stoffes.

Wie viel Stoff in einem Lösungsmittel gelöst ist, gibt man in Gramm auf z.B. 100 Gramm Lösung an, dies ist gleichbedeutend mit der Angabe „**-prozentig**“. Eine zehnprozentige Kochsalzlösung enthält also 10 g Kochsalz auf 100 g Lösung bzw. auf 90 g Lösungsmittel.

Beispiele:

Stoff	Löslichkeit in Wasser bei 20 °C $\left[\frac{g}{100\,g}\text{ Wasser}\right]$	Löslichkeit in Wasser bei 100 °C $\left[\frac{g}{100\,g}\text{ Wasser}\right]$
Rohrzucker	197	487
Kochsalz	35,90	39,20
Gips (Calcium-sulfat)	0,20	0,16

Wird von einem Stoff mehr in die Flüssigkeit gegeben, als gelöst werden kann, so nennt man die Lösung **gesättigt**: Das Lösungsmittel kann nicht noch mehr Stoff lösen. Bei zu lösenden Feststoffen erkennt man eine gesättigte Lösung daran, dass ein Teil des Feststoffs in der Lösung sichtbar bleibt und sich häufig später am Boden absetzt.

Lösungen

Lösungen sind **homogene**, also einheitliche, Stoffgemische, die aus mindestens einer Flüssigkeit (Lösungsmit-

tel) und in ihr gelöst mindestens einem Feststoff (z.B. Zucker), einer Flüssigkeit (z.B. Ethanol) oder einem Gas (z.B. Sauerstoff) bestehen.

Unterscheidung: Reine Flüssigkeit – Lösung

Oft kann man mit bloßem Auge nicht erkennen, ob es sich um eine reine Flüssigkeit (also einen flüssigen Reinstoff, z.B. Wasser) oder um eine Lösung (z.B. Kochsalz gelöst in Wasser) handelt. Bei manchen Lösungen weiß man anhand ihrer Eigenschaften, dass es sich um eine Lösung handeln muss. Ansonsten ermöglicht die Ermittlung von typischen **Eigenschaften** und die Anwendung von **Trennmethoden** wie Destillieren die Identifizierung.

pH-Wert

Der pH-Wert (s. S. 88) von reinem Wasser ist 7, man nennt ihn **neutral**; ein pH-Wert ungleich 7 weist auf eine wässrige **Lösung** hin. Ist der pH-Wert kleiner als 7, nennt man sie **sauer**; ist er größer als 7, so ist sie **alkalisch** (basisch). Die Skala reicht von 0 bis 14.

Beispiel:
Im menschlichen Körper gibt es Bereiche unterschiedlicher pH-Werte. So liegt der pH-Wert der menschlichen Haut durchschnittlich bei 5,5, also im leicht sauren Bereich. Deshalb spricht man vom **Säureschutzmantel** der Haut. Unser **Magensaft** ist stark sauer (pH-Wert 1), dadurch wird die Verdauung von Lebensmitteln ermöglicht.

Der pH-Wert einer wässrigen Lösung kann z.B. mit Universalindikator-Papier ermittelt werden. Je nach pH-Wert weist das Papier eine unterschiedliche Farbe auf, die auf einer Skala einem pH-Wert zugeordnet werden kann.

Beispiele:	
Stoff	pH-Wert
Salzsäure	0
Toilettenreiniger	1
Zitronensaft	2
Cola	3
Mineralwasser (Sprudel)	5
destilliertes Wasser	7
Vollwaschmittel	11
Abflussreiniger	13
Natronlauge	14

1.3 Trennen

Reinstoffe und Stoffgemische

Stoffe, die nicht durch physikalische Methoden aufgetrennt werden können, nennt man **Reinstoffe**; solche, die sich auftrennen lassen, heißen **Stoffgemische**.

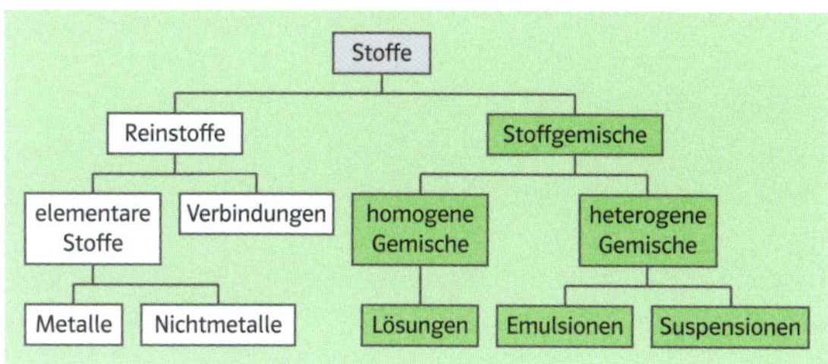

Reinstoffe

Reinstoffe bestehen aus nur einem Stoff und sind durch ihre individuellen Eigenschaften bestimmbar. Wenn ein Stoff aus nur einem **Element** besteht, ist es immer ein Reinstoff, z.B. Sauerstoff, Helium, Iod, Quecksilber. **Wasser** ist ebenfalls ein Reinstoff, obwohl es aus zwei Elementen (Wasserstoff und Sauerstoff) besteht; es ist eine chemische **Verbindung**. Daher ist es physikalisch nicht weiter auftrennbar und durch eine Kombination seiner Eigenschaften wie Schmelztemperatur und Siedetemperatur sowie Dichte **identifizierbar**.

Stoffgemische

Stoffgemische bestehen aus mehreren Reinstoffen und weisen ebenfalls charakteristische Eigenschaften auf, die aber abhängig sind von den Anteilen der in ihnen enthaltenen Reinstoffe. Je nach Aggregatzustand der beteiligten Stoffe haben Stoffgemische bestimmte Bezeichnungen.

Beispiele:

Bezeichnung	**Aggregatzustände der beteiligten Stoffe**	**Beispiel**
Lösung	fest – flüssig – gasförmig	Salzwasser
Suspension	fest – flüssig	Lehmwasser
Emulsion	flüssig – flüssig	Fetttropfen in Milch
Nebel	flüssig – gasförmig	Wassertröpfchen in Luft

Rauch	fest – gasförmig	Rußkörnchen in Luft
Schaum	gasförmig – flüssig	Seifenblasen

Hinweis: Neben **homogenen** Stoffgemischen wie Lösungen gibt es auch **heterogene**, also uneinheitliche Stoffgemische. Bei den heterogenen Stoffgemischen erkennt man manchmal erst mittels Mikroskop die einzelnen Bestandteile, z. B. Fetttröpfchen in Milch.

Trennverfahren

Stoffgemische lassen sich in die Reinstoffe, aus denen sie bestehen, auftrennen. Je nach Stoffgemisch gibt es unterschiedlich gut geeignete Trennverfahren, manchmal muss man auch einige Methoden kombinieren, um zu den Reinstoffen zu gelangen.

Beispiele:		
Gemisch	**Grundlage der Trennung**	**Verfahren**
Lösung	Siedetemperatur	Eindampfen, Destillieren
Suspension	Partikelgröße	Filtrieren
Rauch	Partikelgröße	Filtrieren
Schaum	Partikelgröße	Filtrieren

Mögliche Trennverfahren für feste Stoffe

- **Sieben** dient zur Auftrennung von z. B. Erde in größere und kleinere Bestandteile, welche dann durch andere Methoden weiter getrennt werden.

- **Filtrieren** nutzt man zum Abtrennen von Festkörpern aus Flüssigkeiten; die Poren des Filters lassen Flüssigkeiten durch, halten Festkörper aber zurück. Ähnlich werden feinste Feststoffe aus Gasen mittels Filtern abgetrennt, z.B. beim Rußpartikelfilter von Dieselfahrzeugen.

Mögliche Trennverfahren für flüssige/gelöste Stoffe

- **Eindampfen**: Auftrennen einer Flüssigkeit in ihre Bestandteile. Man erhitzt die Lösung so lange, bis einer der flüssigen Bestandteile, z.B. das Lösungsmittel, vollständig in die Gasphase übergegangen ist. Wichtig ist, dass der Dampf entweichen kann, da sich sonst ein Überdruck (Dampfdruck) aufbaut. Mittels Eindampfen wird z.B. Salz aus Meerwasser gewonnen (Verdunstung). Auch für zwei Flüssigkeiten eignet sich diese Methode.
- Eindampfen nennt man **Destillieren**, wenn man den verdampften Bestandteil auffängt und kondensiert.

Lehrer-Tipp: homogen oder heterogen?

„Ob ein Stoffgemisch homogen oder heterogen ist, hängt nicht von den Aggregatzuständen seiner Bestandteile ab. So kann eine Mischung von ‚fest in flüssig' sowohl ein homogenes (Zucker in Wasser) als auch ein heterogenes (Mehl in Wasser) Stoffgemisch ergeben. Sobald man unterschiedliche Bestandteile erkennen kann, muss es ein heterogenes Gemisch sein."

Ina Müller, Gymnasiallehrerin in Halle

2 Atombau und Periodensystem

QUICK-FINDER

2.1 Atombau

2.2 Das Periodensystem

2.3 Einige Elementgruppen

2.1 Atombau

Kern-Hülle-Modell

Elemente bestehen aus vielen kleinen kugelförmigen Teilchen, die sich zwar in Größe und Masse von Element zu Element unterscheiden, generell aber identisch aufgebaut sind (Dalton-Modell). Diese Teilchen heißen **Atome**. Jedes Atom besteht aus einem **positiv geladenen Kern** und einer **negativ geladenen Hülle**, welche durch Elektronen gebildet wird. Die Hülle – und damit das Atom – hat einen 100 000-fach größeren Durchmesser als der Kern.

Der Atomkern

Der Kern eines Atoms, **Nuklid** genannt, setzt sich aus zwei Bauteilchen zusammen: **Protonen** und **Neutronen**.

Nukleonen

Die Kernbauteile Protonen und Neutronen fasst man unter dem Begriff **Nukleonen** zusammen.

Die Anzahl der Protonen bestimmt, welches **Element** vorliegt; dies ist die **Kernladungszahl**, sie entspricht der sogenannten **Ordnungszahl**.

Wichtiger Unterschied: Ladung

Ein Proton ist **positiv geladen**, ein Neutron hat keine Ladung, es ist **neutral**. Deswegen schreibt man als **Kurzschreibweise** für Proton $\mathbf{p^+}$, für Neutron **n**. Die Ladung des Wasserstoffatoms mit einem Proton ist die kleinste positive Ladungsportion, man definierte sie als **Elementarladung**. Die Elementarladung eines Protons ist +1, die eines Neutrons 0.

Isotope

Wenn sich die Atome eines Elements in der **Anzahl der Neutronen** unterscheiden, spricht man von **Isotopen**. Ein Atomkern hat mindestens genauso viele Neutronen wie Protonen, oft auch mehr. So gibt es z.B. Kohlenstoffatome (sechs Protonen) mit sechs, sieben oder acht Neutronen im Kern. Man spricht dann von isotopen Kohlenstoffatomen oder Kohlenstoffisotopen.

Atomare Masseneinheit

Da die Massen von Proton und Neutron sehr gering sind – etwa $1{,}7 \times 10^{-27}$ kg –, wurde eine einfachere Einheit eingeführt, die **atomare Masseneinheit u**. Die Masse eines Protons ist annähernd 1 u, ebenso die des Neutrons. Definiert wurde u anhand der Masse des am häufigsten vorkommenden Kohlenstoffisotops mit zwölf Nukleonen, also sechs Protonen und sechs Neutronen. Seine Atommasse beträgt gemäß Definition genau 12,00 u.

Wasserstoff als Ausnahme

Im Kern des am häufigsten vorkommenden Wasserstoffatoms ist **kein Neutron** vorhanden. Damit ist es das **einzige Element**, das kein Neutron aufweist. Allerdings gibt es in geringer Menge Wasserstoffisotope mit einem Neutron bzw. zwei Neutronen. Ersteres heißt **Deuterium**, letzteres **Tritium**.

Beispiele:

Element	Anzahl p^+ im Atomkern	häufigste Anzahl n im Atomkern
Wasserstoff	1	0
Sauerstoff	8	8
Gold	79	118

2

Die Atomhülle

Die kugelförmige Hülle eines Atoms wird durch eine dritte Bauteilchenart, die **Elektronen**, gebildet. Sie sind **negativ geladen**, ihre **Elementarladung** ist **–1** und entspricht damit dem Betrag nach der Ladung eines Protons. Die Kurzschreibweise für ein Elektron ist **e^-**. Die Elektronen haben **keine feste Position**, sondern nur **Aufenthaltswahrscheinlichkeiten**. Sie sind ständig in Bewegung und können überall in der Hülle angetroffen werden.

Anzahl der Elektronen

Da Atome nach außen neutral sind, muss die Anzahl der negativ geladenen Elektronen in der Atomhülle **gleich** sein mit der Anzahl der positiv geladenen Protonen im Atomkern, so dass sich die Ladungen ausgleichen.

Masse der Elektronen

Elektronen weisen eine **deutlich geringere Masse** als Protonen und Neutronen auf, nur etwa ein Tausendstel eines Nukleons. Damit haben die Elektronen praktisch **keinen Einfluss** auf die Masse eines Atoms, sie wird ausschließlich durch die Anzahl der Protonen und Neutronen bestimmt.

Beispiel: **Aufbau eines Atoms am Beispiel von Helium**

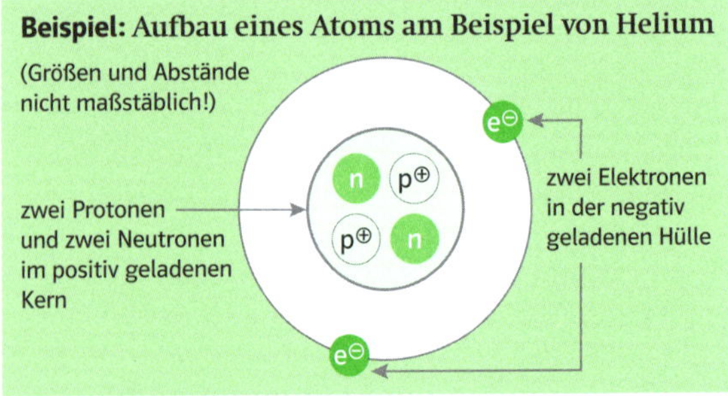

Besonders wichtig: Das Bohr'sche Atommodell

Hier geht's zum passenden Lern-Video.

- Die Atomhülle besteht je nach Element nicht nur aus einer einzigen Schicht, sondern wie eine Zwiebel aus verschiedenen Schichten oder **Schalen**. Diese haben unterschiedliche **Dicken**, was den Aufenthaltswahrscheinlichkeiten der Elektronen entspricht.
- Es gibt verschiedene, definierte **Energiestufen**, auf denen sich ein Elektron befinden kann. Ein Faktor für den Energieinhalt ist der Abstand der jeweiligen Schale zum Kern.
- Die **Besetzung** einer Schale durch die Elektronen erfolgt immer in den **Zustand geringster Energie**, so wird immer zuerst die innerste Schale besetzt. In jede Schale passt nur **eine bestimmte Anzahl** von Elektronen. Die erste, innere Schale kann **zwei** Elektronen aufnehmen, die zweite fasst **acht** Elektronen. Je mehr Elektronen ein Atom hat, desto mehr Schalen gibt es.
- Lithium hat z.B. drei Protonen, also auch drei Elektronen. Es sind zwei Schalen nötig. Zwei Elektronen befinden sich in der inneren energieärmsten Schale, eins in der zweiten.
- Die Elektronen auf der jeweils äußersten Schale nennt man **Außenelektronen**, sie sind für das **chemische Verhalten** des jeweiligen Elements **verantwortlich**. Solange die äußerste Schale nicht ihr jeweiliges Maximum an Elektronen erreicht hat, nennt man die Außenelektronen auch **Valenzelektronen**.

Kennzeichnung

Um Atome genau zu beschreiben, gibt es einige Kennzeichnungsmöglichkeiten.

Atomkern

Um den Atomkern genau zu beschreiben, gibt man die **Protonen-** und die **Nukleonenzahl** sowie die Elementkurzschreibweise an.

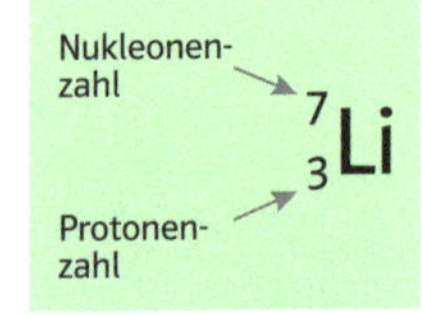

Da die Nukleonenzahl die Summe aus Protonen und Neutronen ist, **subtrahiert** man einfach die kleinere von der größeren Zahl, um die **Anzahl der Neutronen** zu erhalten. In diesem Beispiel hat das Lithiumatom also drei Protonen und vier Neutronen.

Atom

Ein Atom ist gekennzeichnet durch die **Ordnungszahl** und seine Masse, die sogenannte **Atommasse**. Die Atommasse lässt sich durch die Summe von Protonen und Neutronen errechnen. Die Ordnungszahl entspricht der Anzahl der Protonen und ist für ein Element eine feste Größe. Bei Elementen mit mehreren Isotopen (**Mischelemente**) ist die in Nachschlagewerken angegebene Atommasse der Mittelwert der einzelnen Isotope unter Einbeziehung ihrer Häufigkeit.

Beispiel:
Lithium hat die Ordnungszahl (Protonenzahl) 3, die Atommasse beträgt etwa 7 u. Der genaue Wert ist 6,941 u, da es einen kleinen Anteil des Isotops mit drei und einen viel größeren mit vier Neutronen gibt.

2.2 Das Periodensystem

Der Aufbau

Hier geht's zum passenden Lern-Video.

Im Periodensystem der Elemente (PSE) sind alle momentan mehr als 110 bekannten Elemente systematisch angeordnet.

Hinweis: Das Periodensystem findest du in der vorderen Klappe dieses Buches.

Systematik

- Jede waagerechte Zeile (**Periode**) entspricht einer Elektronenschale. So haben z.B. alle Elemente der zweiten Periode zwei Schalen. Die erste Periode weist nur zwei Elemente auf.
- Jede senkrechte Spalte (**Hauptgruppe**) entspricht der Anzahl der Elektronen auf der äußersten Schale, die Elemente gehören zur selben **Elementgruppe**. Die Elemente der siebten Hauptgruppe haben also jeweils sieben Außenelektronen.
- Jedes Element hat eine individuelle Abkürzung in Form von einem oder zwei Buchstaben, z.B. F oder Mn.

Anordnung der Elemente

Die Elemente sind im Periodensystem nach steigender Protonenzahl angeordnet (identisch mit **Ordnungszahl** und Anzahl der Gesamtelektronen). Diese Zahl fängt bei 1 für Wasserstoff an und erhöht sich dann um jeweils 1 für jedes folgende Element.
Außerdem gibt es eine Einteilung nach **Metallcharakter**: Links im PSE stehen die Metalle, eine Diagonale von links

oben (Bor) bis rechts unten (Astat) zeigt die Halbmetalle an und rechts davon befinden sich die Nichtmetalle wie Chlor oder Xenon.

Hauptgruppen

Es gibt **acht** Hauptgruppen, also von einem bis acht Elektronen auf der äußersten Schale des jeweiligen Elements. Sie werden mit römischen Ziffern gekennzeichnet. Jede Hauptgruppe hat einen speziellen Namen. Die Elemente jeder Hauptgruppe **(Elementgruppe)** zeigen aufgrund der gleichen Anzahl an Außenelektronen ein ähnliches chemisches Verhalten, z.B. Brom und Iod in der Hauptgruppe VII.

Beispiele:

Nummer	Name	typisches Element
I	Alkalimetalle	Natrium **Na**
II	Erdalkalimetalle	Magnesium **Mg**
III	Erdmetalle	Aluminium **Al**
IV	Kohlenstoff-Silicium-Gruppe	Kohlenstoff **C**
V	Stickstoff-Phosphor-Gruppe	Stickstoff **N**
VI	Chalkogene	Sauerstoff **O**
VII	Halogene	Chlor **Cl**
VIII	Edelgase	Neon **Ne**

Nebengruppen

Wenn man sich das Periodensystem ansieht, fällt einem ab der vierten Periode ein **Einschub** zwischen der zweiten und dritten Hauptgruppe auf. Dort findet man viele bekannte Elemente wie Gold, Silber und Kupfer. Diese setzen die logische Reihenfolge der Elemente fort: Calcium aus der zweiten Hauptgruppe hat die Ordnungszahl (= Protonenanzahl) 20, das ihm folgende Scandium aus der dritten Nebengruppe weist 21 Protonen auf. Weil die Nebengruppenelemente aber die gleiche Anzahl an Außenelektronen haben und die mit zunehmender Ordnungszahl wachsende Anzahl an Elektronen auf freie Plätze der mittleren Schalen untergebracht werden, passen sie nicht in die Hauptgruppen und werden deshalb in die Nebengruppen eingeordnet.

2.3 Einige Elementgruppen

Alkalimetalle

Die Elemente der ersten Hauptgruppe nennt man Alkalimetalle. Dazu gehören Lithium Li, Natrium Na, Kalium K, Rubidium Rb, Caesium Cs und das radioaktive Francium Fr. Wasserstoff steht auch in der ersten Hauptgruppe, wird aber nicht zu den Alkalimetallen gezählt.

Eigenschaften

Aufgrund ihres **einzelnen Außenelektrons** zeigen die Alkalimetalle sehr ähnliche Eigenschaften und chemisches Verhalten. Bei Raumtemperatur sind sie fest, sie haben niedrige Schmelztemperaturen und lassen sich **schneiden**. Alkalimetalle und ihre Verbindungen zeigen spezifische **Flammenfärbungen**, was zu ihrer **Identifizierung** genutzt wird.

Reaktionen

Da sie sehr reaktionsfreudig sind (Rubidium und Caesium entzünden sich schon bei Kontakt mit dem Sauerstoff der Luft), werden sie in Glasampullen bzw. in Paraffinöl (Lithium, Natrium, Kalium) aufbewahrt. Auch mit Wasser reagieren sie heftig, meist unter Entzündung, Rubidium und Caesium sogar explosionsartig. Der Grund ist eine chemische Reaktion zwischen Erdalkalimetall und Wasser: Es entsteht gasförmiger Wasserstoff und ein neuer Stoff, ein **Alkalimetallhydroxid**, z.B. Natriumhydroxid, der zusammen mit Wasser eine **alkalische Lösung** ergibt. Mit bestimmten Halogenen wie Chlor bilden sie **Salze**.

Erdalkalimetalle

Die Elemente der zweiten Hauptgruppe nennt man Erdalkalimetalle, sie weisen jeweils **zwei Außenelektronen** auf. Es sind Beryllium Be, Magnesium Mg, Calcium Ca, Strontium Sr und Barium Ba.

Eigenschaften

Diese Elementgruppe zeigt ähnliche Eigenschaften wie die der Alkalimetalle. Bis auf Strontium und Barium, die unter Paraffinöl aufbewahrt werden, können Erdalkalimetalle allerdings an der Luft gelagert werden. Auch bei den Erdalkalimetallen ist die **charakteristische Flammenfärbung** der Elemente und ihrer Verbindungen eine Nachweismöglichkeit. Aufgrund der intensiven Farben werden sie in Feuerwerkskörpern eingesetzt.

Reaktionen

Die Reaktionen mit Sauerstoff und Wasser sind – bis auf Strontium und Barium – weitaus weniger heftig als bei den Alkalimetallen. Mit Wasser bilden sie ebenfalls **Hydroxide** und mit bestimmten Halogenen **Salze**.

Halogene

Die Elemente der siebten Hauptgruppe besitzen **sieben Elektronen** auf ihrer äußersten Schale und sind sehr reaktionsfreudig. Zu den Halogenen zählt man Fluor F, Chlor Cl, Brom Br, Iod I und das radioaktive, instabile Astat At.

Eigenschaften

Diese **Nichtmetalle** sind gesundheitsschädlich, zum Teil sogar hochgiftig. In der Elementgruppe der Halogene sind **alle Aggregatzustände** vertreten: Fluor und Chlor sind gasförmig, Brom ist flüssig und Iod ist fest, wobei letzteres Element bereits bei leichter Erwärmung sublimiert und violettfarbener Ioddampf sichtbar wird. Ihre **Farben** im gasförmigen Zustand sind charakteristisch und dienen zur Identifizierung (Fluor: hellgelb, Chlor: gelbgrün, Brom: braunorange, Iod: violett). Die Halogene liegen nicht als einzelne Atome vor, sondern als **Molekül**, das aus zwei Atomen besteht, also F_2, Cl_2, Br_2 und I_2.

Reaktionen

Halogene nennt man auch **Salzbildner**, weil sie mit einigen Metallen Salze produzieren. So reagiert Chlorgas mit geschmolzenem Natrium heftig unter Aussendung von gelbem Licht zu Natriumchlorid (Kochsalz).

Edelgase

Die Elemente der achten Hauptgruppe heißen Edelgase. Es sind Helium He, Neon Ne, Argon Ar, Krypton Kr, Xenon Xe und das radioaktive Radon Rn. Alle diese Gase sind farblos und geruchlos. Ihre Außenschale ist komplett mit Elektronen gefüllt, deshalb sind sie äußerst **reaktionsträge**, „edel“. Helium, Neon und Argon sind sogar chemisch inert, also reaktionsunfähig, und damit für Schutzanwendungen beim Schweißen oder für die hohen Temperaturen in Glühlampen gut geeignet. Ein typischer Einsatz ist in Leuchtreklame („Neonröhre“).

Lehrer-Tipp: Wodurch definiert sich ein Element?

„Die zwei wichtigsten Fakten:

1. Die Anzahl der Protonen bestimmt das Element. Du erkennst sie an der Ordnungszahl. Sind sieben Protonen im Kern eines Atoms, so handelt es sich immer um Stickstoff.
2. Die Anzahl der Elektronen in der äußersten Schale bestimmt die Eigenschaften und die Reaktionen, die ein Element eingeht.“

Georg Ries, Gymnasiallehrer in Berlin

3 Ionenbindung und Ionenkristalle

QUICK-FINDER

3.1 Ionenbindung

Bindungsarten

Es gibt drei Arten, wie sich Atome zu Molekülen oder chemischen Verbindungen verknüpfen können: mittels **Ionenbindung**, **Metallbindung** oder **kovalenter Bindung** (= **Atombindung**, **Elektronenpaarbindung**). Diese Bindungsarten unterscheiden sich vor allem darin, wie die Außenelektronen der beteiligten Atome miteinander interagieren und sich zwischen den Atomen verteilen. Diese Verteilung hat eine immense Auswirkung auf die Stoffeigenschaften. Der Grund, eine Bindung überhaupt einzugehen, ist immer der gleiche: das **Erreichen eines stabilen Zustands**, der **energieärmer** ist als der energetische Ausgangszustand der einzelnen Atome bzw. Moleküle.

Besonders wichtig: Die Edelgasregel

Alle Atome streben eine **volle Außenschale (Valenzschale)** an – sei es durch Abgabe oder durch Aufnahme von Elektronen oder durch gemeinsame Außenelektronen. Durch gefüllte Valenzschalen erreichen die Atome ein niedrigeres Energieniveau und sind dadurch stabiler als in ihrer elementaren Form. Dies ist der Grund, warum es überhaupt zu chemischen Reaktionen kommt und Verbindungen entstehen.

Ausnahme: Ein Edelgas geht genau deshalb *keine* Reaktionen ein, weil seine Valenzschale bereits vollständig gefüllt ist. Da dieser Elektronenzustand von allen anderen Atomen angestrebt wird, bezeichnet man diesen Sachverhalt als **Edelgasregel**.

Kennzeichen der Ionenbindung

Hier geht's zum passenden Lern-Video.

Ionenverbindungen bezeichnet man auch als **Salze**. Sie entstehen häufig aus der Reaktion von Elementen: Metall + Nichtmetall ⟶ Salz.

Beispiel: Kochsalz
Alle Salze sind mittels Ionenbindung aufgebaut. Ein bekannter Vertreter ist **Kochsalz**, chemische Bezeichnung **Natriumchlorid**, ein Metallhalogenid. Da den beteiligten Elementen Natrium Na und Chlor Cl in der Formel NaCl keine tiefgestellten Zahlen („Index", Plural „Indices") folgen, bedeutet dies, dass für *eine* Einheit Natriumchlorid *eine* Einheit Natrium und *eine* Einheit Chlor benötigt wird. Man könnte auch Na_1Cl_1 schreiben, lässt der Einfachheit halber aber bei der Anzahl „1" die Zahl weg.

Elektronenbetrachtung von NaCl

Natrium hat **ein einziges Elektron** auf der Außenschale, es steht in der ersten Hauptgruppe des Periodensystems der Elemente. Chlor hingegen steht in der siebten Hauptgruppe und weist demzufolge **sieben** Valenzelektronen auf. Bei Natriumchlorid hat das Natriumatom sein einziges Valenzelektron an das Chloratom abgegeben: Dadurch wird es zu einem einfach **positiv geladenem Ion**, während das entstandene **Chlorion** einfach **negativ geladen** ist. Diese Ionen ziehen sich an.

$$Na\cdot + \cdot\ddot{\underset{\cdot\cdot}{Cl}}\!: \longrightarrow Na^{\oplus}\ :\ddot{\underset{\cdot\cdot}{Cl}}\!:^{\ominus}$$

Beide Atome haben durch diese Bindung volle Schalen erhalten. Man spricht deshalb auch von einer **Edelgaskonfiguration**, da Edelgase volle Außenschalen aufweisen.

Die Elektronenverteilung von Na, Na^+ und Ne im Vergleich

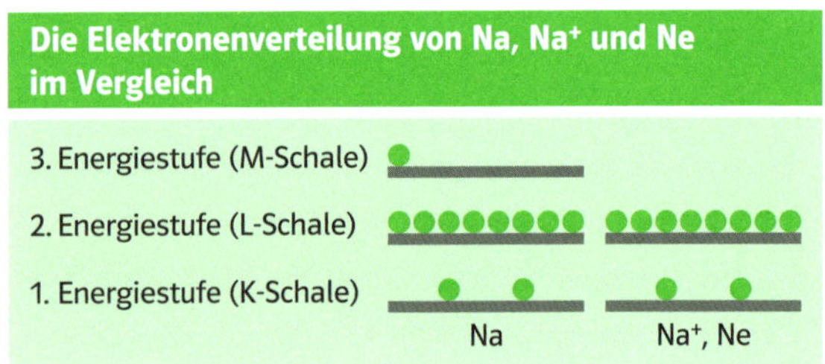

3

Eine **Ionenbindung** zeichnet sich dadurch aus, dass ein oder mehrere Elektronen vollständig von einem Atom auf ein anderes übertragen werden und sich die entstandenen, entgegengesetzt geladenen Ionen gegenseitig anziehen.

Detail: Entstehung von Ladungen

- Das beteiligte Natriumatom war in seiner elementaren Form elektrisch **neutral**. Durch die Abgabe seines Valenzelektrons bei der Reaktion zum Natriumchlorid **fehlt** ihm eine negative Ladung, es hat aufgrund der gleichgebliebenen positiv geladenen Protonen im Kern nun eine positive Ladung mehr, als es negative Ladungen hat. Deshalb ist es in der Verbindung einfach **positiv geladen**; man schreibt Na^+ (Natriumion, genauer: Natriumkation).
- Jedes beteiligte Chloratom hingegen hat in seiner Außenschale ein Elektron **mehr** als in seiner neutralen elementaren Form. Es ist nun **negativ geladen**: Cl^- (Chloranion, üblicher: **Chloridion**). Kochsalz kann man, wenn man die Ladungen angeben will, so schreiben: Na^+Cl^-.

- Positiv und negativ geladene Ionen ziehen sich wegen der **elektrostatischen Kräfte** gegenseitig an, was Salze zu sehr stabilen Verbindungen macht.

Kennzeichen von Ionen

Ionen sind **elektrisch geladene Teilchen**, die weniger oder mehr Elektronen als Protonen haben. Diese Teilchen können Atome oder auch Moleküle sein. Sind sie **positiv** geladen, weil ihnen ein oder mehrere eigene Elektronen fehlen, so nennt man sie **Kationen**; sind sie **negativ** geladen wegen der Aufnahme von Elektronen, heißen sie **Anionen**. Ionen können einfach oder mehrfach geladen sein. Ionen existieren nie für sich alleine: Wenn Anionen entstanden sind, müssen auch Kationen vorhanden sein!

Kationen werden von den meisten Elementen der ersten drei Hauptgruppen sowie der Nebengruppen gebildet (oft Metalle), **Anionen** von vielen Elementen der fünften bis siebten Hauptgruppe (Nichtmetalle).

Beispiel:
Magnesium, das zwei Valenzelektronen hat, gibt diese bei einer Ionenbindung beide ab. Somit ist es zweifach positiv geladen. Die Schreibweise des entstandenen Magnesiumkations ist: Mg^{2+}.

Beispiele:

Bildung eines	Element	Schreibweise Vorgang
Kations	Natrium	$Na \longrightarrow Na^{+} + 1\,e^{-}$
Kations	Calcium	$Ca \longrightarrow Ca^{2+} + 2\,e^{-}$
Anions	Chlor	$Cl + 1\,e^{-} \longrightarrow Cl^{-}$
Anions	Sauerstoff	$O + 2\,e^{-} \longrightarrow O^{2-}$

Ermittlung der Formel von Salzen

Vorgehen zur Summenformelermittlung bei Salzen

1. Ermittlung der **Ladung** der beteiligten Ionen (bei Kationen: Nummer der Gruppe; bei Anionen: 8 minus Nummer der Hauptgruppe)
2. Die Zahl der positiven Ladungen muss **gleich** mit der der negativen Ladungen sein; wenn nötig, die Anzahl der Kationen und/oder Anionen anpassen.
3. Die ermittelte **Anzahl** der benötigten Kationen und Anionen als **Index** klein hinter das entsprechende Elementsymbol eintragen. „1" wird weggelassen.

Beispiel:
Bei einer Ionenverbindung, die nach außen **neutral** sein soll, müssen sich die Ladungen der beteiligten Ionen gegenseitig **aufheben**. Na^+ ist einfach positiv, Cl^- einfach negativ geladen. Also lautet die Summenformel von Natriumchlorid NaCl. Lässt man Chlorgas anstatt mit Natrium mit Magnesium reagieren, so entstehen neben wiederum **einfach** negativ geladenen Chloranionen **zweifach** positiv geladene Magnesiumkationen. Um die Ladung *eines* Magnesiumions **auszugleichen**, benötigt man *zwei* Chlorionen. Deshalb lautet die Summenformel: $MgCl_2$.

3.2 Ionenkristalle und Ioneneigenschaften

Aufbau

Salze werden durch ein Gitter, das sogenannte **Ionenkristallgitter**, aufgebaut, in dem sehr viele Kationen und Anionen vorhanden sind, und zwar in dem Verhält-

nis, wie es die Summenformel angibt. In einem Ionenkristall sind die Ionen **sehr regelmäßig** in einer dreidimensionalen Gitterstruktur angeordnet. Wichtig: Nicht jeder Kristall ist eine Ionenverbindung, z. B. nicht der Diamant.

Kräfte im Ionenkristallgitter

Die positiv geladenen Kationen werden von den negativ geladenen Anionen angezogen und umgekehrt. Gleichzeitig stoßen sich gleichgeladene Ionen gegenseitig ab. Die Anordnung im Gitterverband ergibt sich aus der größtmöglichen Anziehung und der geringstmöglichen Abstoßung, was unter anderem von der **Ladung** und der **Größe der Ionen** abhängig ist. Die Ladung der Ionen wirkt in den gesamten Raum und hat keine bevorzugte Richtung. Ein Kation ist deshalb immer von mehreren Anionen und ein Anion immer von mehreren Kationen umgeben.

Beispiel:
Im Natriumchloridkristall ist immer ein Natriumion von sechs Chloridionen, ein Chloridion immer von sechs Natriumionen umgeben.
Anionen und Kationen in einem Salz unterscheiden sich meistens in der Größe voneinander, so ist ein Chloridion deutlich größer als ein Natriumion.

Kristallwasser

Manchmal wird Wasser im Kristall gebunden. Dieses bezeichnet man als Kristallwasser oder Hydratwasser, die Salze als Hydrate. Die Bindung ist meist schwach, so dass man Kristallwasser durch Erwärmen entfernen kann. Die Kennzeichnung von Kristallwasser erfolgt durch Ergänzung der Summenformel.

Beispiel:
$Na_2CO_3 \cdot 10\,H_2O$ (Natriumcarbonat-Dekahydrat)

Ionen in wässrigen Lösungen

Hier geht's zum passenden Lern-Video.

Die meisten Ionenverbindungen sind bis zu einer bestimmten Menge **wasserlöslich**. Die Löslichkeit unterscheidet sich von Salz zu Salz und ist eine **charakteristische Eigenschaft**. Bei dem Lösungsvorgang in Wasser wird das Ionengitter aufgebrochen. Das Salz wird in seine einzelnen Ionen zerlegt, welche von Hydrathüllen, den Wassermolekülen, umgeben werden.

Leitfähigkeit

Die Salzlösungen weisen – meist im Gegensatz zum festen Salz – eine elektrische Leitfähigkeit auf; das heißt, dass Ladung durch die nun beweglichen Ionen transportiert wird. Die Stoffe mit den vorgenannten Eigenschaften nennt man **Elektrolyte**. Andere Lösungen, wie z. B. Zuckerlösungen, enthalten keine Ionen und leiten den elektrischen Strom nicht.

Mineralsalze

Manchmal sind Ionen schon auf natürlichem Wege im Trinkwasser vorhanden, z.B. in **Mineralwasser**. Die darin enthaltenen Ionen wie Magnesiumionen oder Calciumionen sind für unseren Körper in geringen Mengen wichtig. Diese Ionen stammen aus **Gesteinen**, aus denen sie durch das sie durchströmende Wasser gelöst wurden. In sogenannten **isotonischen Getränken** sind nachträglich hinzugesetzte Mineralsalze enthalten. Wenn ein Wasser nicht als Mineralwasser, sondern als **Tafelwasser** deklariert ist, wurden die Mineralstoffe ebenfalls nachträglich hinzugefügt.

Menschlicher Körper

Das menschliche **Blutplasma** enthält eine gewisse Menge von gelösten Salzen. Zur Anwendung im und am menschlichen Körper, z.B. als Trägermedium für intravenös verabreichte Medikamente, aber auch zum Spülen von Nase und Augen, wird eine sogenannte **isotonische Kochsalzlösung** verwendet. Sie enthält 0,9 % Natriumchlorid und ist damit vom Ionenanteil her dem Blutplasma recht ähnlich.

Eigenschaften

Aufgrund ihres geordneten Aufbaus haben Ionenverbindungen **hohe Schmelz- und Siedepunkte**, da es viel Energie bedarf, um die Ionenbindungen zu überwinden und die Kristallgitterstruktur aufzubrechen. Je größer die Anziehungskräfte – welche mit zunehmender Ladung der Ionen und abnehmendem Abstand steigen – sind, desto höher ist der Schmelzpunkt. Auch die Abstoßungskräfte zwischen gleichgeladenen Ionen beeinflussen

die Schmelztemperatur. Ionenkristalle sind aufgrund der Gitterstruktur geordnete, **spröde Festkörper**. Salzschmelzen leiten wie wässrige Salzlösungen den elektrischen Strom, da dort die Ionen – im Gegensatz zum kristallinen, festen Salz – frei beweglich sind.

Beispiele:

Salz	Formel	Schmelzpunkt [°C]
Magnesiumchlorid	$MgCl_2$	708
Natriumbromid	NaBr	747
Natriumchlorid	NaCl	801
Aluminiumoxid	Al_2O_3	2015
Calciumoxid	CaO	2570
Magnesiumoxid	MgO	2800

Lehrer-Tipp: Ionen im Sprachgebrauch

„Manchmal hört man von Zahnpasta, die Fluor enthält, von Kochsalz, dem Iod beigesetzt wurde, oder von magnesiumreichem Mineralwasser. Dies würde bedeuten, dass die Elemente enthalten wären – was nicht stimmt. Man meint eigentlich die entsprechenden Ionen. Korrekt muss es z. B. heißen: ‚enthält Fluorid‘ (Ausdruck für Fluorsalze) oder ‚reich an Magnesiumionen‘."

Georg Ries, Gymnasiallehrer in Berlin

4 Metalle und Metallbindung

QUICK-FINDER

4.1 Metallbindung

Grundsätzliches

Die Metallbindung ist neben der **Ionenbindung** und der **kovalenten Bindung** eine der drei Arten, wie sich Atome miteinander verbinden können. Im Gegensatz zur Ionenbindung findet man die Metallbindung nur bei **Elementen**, den Metallen, nicht in Verbindungen (Ausnahme: Legierungen).

Kennzeichen der Metallbindung

Hier geht's zum passenden Lern-Video.

Bei der Metallbindung sind, wie bei einer Ionenverbindung, sehr viele Teilchen beteiligt, die **regelmäßig angeordnet** sind und ein **Gitter** bilden.

Erstes Merkmal: Elektronen

- Ein Unterschied zur Ionenbindung ist, dass die Valenzelektronen nicht mehr einzelnen Atomen zuordenbar, sondern losgelöst sind; sie sind **delokalisiert**. Die Metallatome geben ihre Valenzelektronen ab, um eine **Edelgaskonfiguration** zu erreichen, und bleiben als positiv geladene **Atomrümpfe** an ihrer Gitterposition zurück. Dem Atomrumpf fehlen damit die Außenelektronen; die Elektronen der inneren Schale(n) sind weiterhin vorhanden.
- Diese Atomrümpfe sind nun umgeben von einer **Elektronenwolke**, die aus der Gesamtheit der freien Elektronen besteht. Da sich die Elektronen darin wie Teilchen eines Gases **frei bewegen** können, spricht man auch von **Elektronengas**.

Bei einer **Metallbindung** ziehen sich die negativ geladenen Elektronen (Elektronenwolke) und die positiv geladenen Atomrümpfe an, was zu einem starken Zusammenhalt führt.

Zweites Merkmal: Ladung

Ein zweiter Unterschied zur Ionenbindung ist, dass die regelmäßig angeordneten Teilchen im Metallgitter **immer positiv geladen** sind. Bei einer Ionenverbindung hingegen besetzen immer sowohl positiv geladene Kationen als auch negativ geladene Anionen die Positionen im Ionengitter.

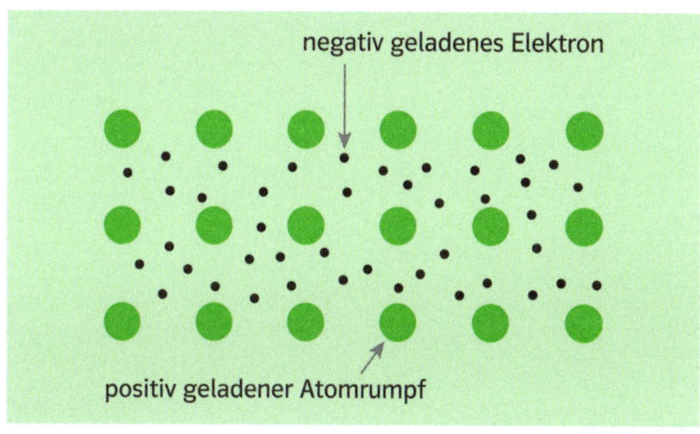

4.2 Metalle

Eigenschaften

Metalle haben spezifische Eigenschaften, die sich durch die Eigenheiten der Metallbindung erklären lassen.

Aggregatzustand
Alle Metalle sind bei Zimmertemperatur und Normaldruck Festkörper. Ausnahme ist **Quecksilber**, welches unter diesen Bedingungen flüssig ist.

Elektrische Leitfähigkeit
Aufgrund der frei beweglichen Elektronen weisen Metalle eine **hohe elektrische Leitfähigkeit** auf. Strom ist die Bewegung von Ladungsträgern, in diesem Fall Elektronen. Die elektrische Leitfähigkeit von Metallen ist **temperaturabhängig** – bei niedrigen Temperaturen ist sie größer als bei hohen.

Wärmeleitfähigkeit
Metalle sind **gute Wärmeleiter**. Abhängig von der **Temperatur** überwiegen entweder Elektronen (bei niedrigeren Temperaturen) oder die positiv geladenen Atomrümpfe (bei höheren Temperaturen), die durch ihre Bewegungen wie Vibrationen und Schwingungen Energie an benachbarte Teilchen weitergeben.

Verformbarkeit
Metalle sind häufig **gut verformbar**, da Atomrümpfe und Elektronengas beweglicher sind als die Teilchen einer Ionenverbindung und gegeneinander verschoben werden können. Die verschobenen Atomrümpfe werden weiterhin vom Elektronengas zusammengehalten.

Oberfläche
Metalle sind **undurchsichtig** und häufig **glänzend**, da die frei beweglichen Elektronen das einfallende Licht reflektieren.

Dichte

Die Dichte dient zur Einteilung von Metallen in zwei Gruppen. Metalle mit einer Dichte unter $5\,\frac{g}{cm^3}$ wie Aluminium nennt man **Leichtmetalle**, alle anderen, z. B. Eisen und Gold, heißen **Schwermetalle**.

Legierungen

Eine Legierung besteht aus **mehreren Metallen**. Sie zeigt typische Metalleigenschaften, weist aber andere Stoffeigenschaften (Dichte, Härte) als die reinen Metalle auf, aus denen sie besteht. Legierungen stellt man aus **Schmelzen** unterschiedlicher Metalle her, da sie sich in diesem Aggregatzustand gut vermischen lassen. In einer Legierung existiert ebenfalls ein regelmäßiges Metallgitter, in welchem die Atomrümpfe aber von mehreren Metallen stammen. Typische Legierungen sind Kupferlegierungen wie **Messing** und **Bronze** oder Quecksilberlegierungen, die man als **Amalgame** bezeichnet.

Einige Gebrauchsmetalle

Metalle sind in unserem Alltag von besonderer Bedeutung. Aufgrund ihrer Verformbarkeit lassen sie sich gut bearbeiten und anpassen. Ihre elektrische Leitfähigkeit ist elementar für Anwendungen im elektronischen Bereich.

Eisen und seine Legierungen

Beim Begriff „Eisen" muss man unterscheiden zwischen dem Element (Reinstoff) und Eisen als Gebrauchsmetall, das einige andere Stoffe in geringen Mengen als Verunreinigungen enthält. Als Gebrauchsmetall ist Eisen in der heutigen Zeit das am meisten verwendete Metall. Es wird aus Eisenerz in Hochöfen gewonnen. Das Gebrauchsmetall Eisen **rostet** (oxidiert) und ist je nach Zusammen-

setzung, z.B. bei höherem Kohlenstoffgehalt, **spröde**. Deshalb wird es oft mit einer geringen Menge an anderen Metallen wie Chrom, Molybdän und Nickel verschmolzen zu einer Legierung und der Kohlenstoffgehalt verringert. Eisenlegierungen nennt man allgemein **Stahl**.

Kupfer

Dieses rötlich glänzende Metall ist **leicht formbar** und hat eine **sehr hohe elektrische Leitfähigkeit**, weshalb es häufig in der Elektrotechnik zum Einsatz kommt. Auch Dachrinnen, Brauereikessel oder Wasserleitungen bestehen oft aus Kupfer. Viele bekannte Legierungen enthalten Kupfer, z.B. **Messing** (Kupfer und Zink) und **Bronze** (Kupfer und Zinn).

Aluminium

Das relativ weiche, silbern glänzende Aluminium ist ein typischer Vertreter für ein **Leichtmetall**, weshalb es gerne als Baumetall und in der Verpackungsindustrie eingesetzt wird. Es überzieht sich an der Luft mit einer dünnen, matten **Aluminiumoxidschicht**, welche das darunterliegende reine Aluminium schützt (**Passivierung**). Dadurch wird es witterungsbeständig.

Edelmetalle

Die bekanntesten Edelmetalle sind Platin, Palladium, Gold und Silber. Der Name basiert auf der Beobachtung, dass diese Metalle nicht rosten, sie sind **korrosionsbeständig**. Außerdem sind sie im Gegensatz zu anderen Metallen unempfindlich gegen Salzsäure. Edelmetalle werden in geringsten Mengen als **Katalysatoren** eingesetzt, z.B. Platin, Palladium und Rhodium im Abgaskatalysator von Kraftfahrzeugen.

Beispiele:

Metall	Dichte $\left[\frac{g}{cm^3}\right]$	Schmelzpunkt [°C]
Eisen	7,87	1535
Kupfer	8,93	1083
Messing (eine Legierung aus Cu und Zn)	ca. 8,40	ca. 910
Aluminium	2,70	660
Gold	19,32	1064
Platin	21,45	1768
Blei	11,35	327

Recycling

Durch Wiederverwertung von Stoffen lassen sich **Rohstoffe** und **Energie** einsparen. Außerdem sind manche Stoffe wie Edelmetalle so selten, dass beim Recycling dieser besonderen Metalle der **finanzielle Aspekt** oft die treibende Kraft ist. Viele Metalle lassen sich aufgrund ihrer Eigenschaften gut aus einer Wertstoffmischung abtrennen. Mit Hilfe großer Magneten kann man z. B. **Eisen** aussortieren. **Aluminium** ist so leicht, dass es durch speziell konstruierte Gebläse vom übrigen Metall abgetrennt wird. Nach Reinigungsschritten können durch Einschmelzen der getrennten Metalle neue Produkte hergestellt werden.

4.3 Elektronenübertragung – Redoxreaktionen

Oxidation, Reduktion, Redoxreaktion

Wenn man von Oxidation und Reduktion spricht, betrachtet man immer die Abgabe oder Aufnahme von **Elektronen**. Im engeren Sinne ist eine Oxidation die Aufnahme von **Sauerstoff** und die Reduktion dessen Abgabe. Da aber viele Oxidations- und Reduktionsreaktionen ohne Beteiligung von Sauerstoff ablaufen, ist diese Betrachtung zu einschränkend.

Oxidation

Die **Abgabe** von Elektronen ist allgemein als **Oxidation** definiert. Ein bekanntes Beispiel ist das Rosten von Eisen. Es reagiert mit dem Sauerstoff und dem Wasser der Luft. Dadurch oxidiert es und gibt dabei Elektronen an den Sauerstoff ab. Der rötliche Rost ist nichts anderes als Eisenoxid. Auch die **Passivierung von Aluminium** ist eine Oxidation. Da das an der Oberfläche gebildete Aluminiumoxid aber nicht porös ist wie Eisenoxid, schützt es das darunterliegende Metall, während Eisen immer weiter rostet. Die Bildung von Metalloxiden ist durch Zuführung von Energie umkehrbar.

Hinweis: Die Veränderung der Oberfläche eines Werkstoffs (Metalle, Kunststoffe) nennt man allgemein Korrosion.

Reduktion

Die **Aufnahme** von Elektronen wird als **Reduktion** bezeichnet. In den obigen Beispielen wird der Sauerstoff reduziert.

4

Redoxreaktion

Oxidation und Reduktion laufen **nie separat** ab. Ein Teilchen gibt nur Elektronen ab, wenn sie gleichzeitig von einem anderen Teilchen aufgenommen werden, da Elektronen nicht frei existieren. Der **Stoff**, der oxidiert wird, ist also gleichzeitig ein **Reduktionsmittel** – die Elektronen, die er abgibt, werden von einem anderen Stoff aufgenommen, welcher dadurch reduziert wird. Letzterer Stoff ist durch die Elektronenaufnahme das **Oxidationsmittel** für ersteren.

Besonders wichtig: Definitionen bei Redoxreaktion

Ein **Elektronendonator** ist ein **Reduktionsmittel** und wird selber oxidiert. Ein **Elektronenakzeptor** ist ein **Oxidationsmittel** und wird selber reduziert. Elektronenübergänge von Donator zu Akzeptor nennt man **Redoxreaktionen**.

Beispiele für Elektronenübertragung

Wie bei allen chemischen Reaktionen spielt auch bei Redoxreaktionen die **Edelgasregel** die entscheidende Rolle.

Beispiel:
Bildung von Natriumchlorid
Die Reaktion von elementaren Natrium mit gasförmigem Chlor zu Natriumchlorid (Kochsalz) ist eine typische Redoxreaktion; Elektronen werden von Natriumatomen auf Chloratome **übertragen**. Es entstehen Ionen.

$Na \longrightarrow Na^+ + e^-$ (Oxidation; Reduktionsmittel; Donator)
$Cl + e^- \longrightarrow Cl^-$ (Reduktion; Oxidationsmittel; Akzeptor)

Da elementares Chlor als zweiatomiges Molekül vorliegt, benötigt jedes Chlor-Molekül zwei Elektronen zur Erreichung der Edelgaskonfiguration. Jedes Natriumatom kann aber nur ein Valenzelektron abgeben. Man benötigt also doppelt so viele „Natriumeinheiten" wie „Chloreinheiten". Die **Ionenschreibweise** für diese Redoxreaktion lautet deshalb:
$2\,Na + Cl_2 \longrightarrow 2\,Na^+Cl^-$

Beispiel:
Oxidation von Aluminium
Aluminiumoxid ist ein wasserunlöslicher **Stoff** und entsteht unter anderem, wenn Aluminium Luft ausgesetzt ist. Elementares Aluminium hat drei Valenzelektronen, die es abzugeben bestrebt ist. Sauerstoff weist sechs Außenelektronen auf, benötigt also zwei weitere Elektronen für die Edelgaskonfiguration. Dies lässt sich folgendermaßen darstellen:

$Al \longrightarrow Al^{3+} + 3\,e^-$ (Oxidation)
$O + 2\,e^- \longrightarrow O^{2-}$ (Reduktion)

Sauerstoff kommt in der Natur nur als zweiatomiges Molekül O_2 vor. Die Anzahl der an der Reaktion teilnehmenden Teilchen muss **angepasst** werden, sodass in der Gesamtheit genauso viele Elektronen abgegeben wie aufgenommen werden, in diesem Fall zwölf:

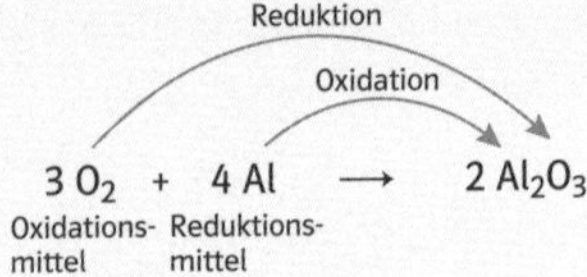

4

Elektrolyse

Elektronenübergänge zwischen Stoffen sind auch in **Flüssigkeiten** möglich. Dabei kann dies ohne äußeren Einfluss geschehen (z.B. Eisennagel in Kupfersulfatlösung) oder aber sie werden bewusst herbeigeführt, z.B. durch **Elektrolyse** von Salzschmelzen oder wässriger Salzlösungen. Dieser Vorgang wird in der chemischen Industrie zur **Herstellung bestimmter Elemente** angewandt: So werden Aluminium und die Alkalimetalle hauptsächlich durch die Elektrolyse von Salzschmelzen gewonnen.

Erzwungene Elektronenübertragung

Wenn mittels **elektrischem Strom** chemische Reakionen erzwungen werden, nennt man dies **Elektrolyse**. Diese Reaktionen laufen nicht freiwillig ab, es muss Energie aufgewendet werden (**endotherme Reaktionen**). So kann man durch Zufuhr von elektrischer Energie aus einer wässrigen Salzlösung, die ja elektrisch leitend ist, die Ausgangselemente gewinnen.

Beispiel: Elektrolyse von Zinkbromid
Bei Anlegung von elektrischer Spannung in einer wässrigen Zinkbromidlösung ZnBr (aq) scheidet sich an der negativen Elektrode (Kathode) metallisches Zink ab, während sich in der Umgebung der positiven Elektrode (Anode) gelöstes elementares Brom als bräunliche Schlieren im Wasser zeigt.

Genauere Betrachtung der Reaktion

Die positiv geladenen Zinkionen Zn^{2+} werden von der negativ geladenen Kathode angezogen, nehmen dort zwei

Elektronen auf (Reduktion) und lagern sich als Element Zink an der Elektrode ab. Die negativ geladenen Bromionen Br^- werden von der positiv geladenen Anode angezogen, geben dort ihr zusätzliches Elektron ab (Oxidation), wodurch sich elementares Brom bildet.

Positiv geladene Ionen wandern zur **negativ geladenen Kathode**, deswegen heißen sie **Kationen**.
Negativ geladene Ionen wandern zur **positiv geladenen Anode**, deswegen **heißen sie Anionen**.

Kathodenreaktion
(**Reduktion**, Aufnahme von Elektronen):
$Zn^{2+}_{(aq)} + 2\,e^- \longrightarrow Zn_{(s)}$
Anodenreaktion
(**Oxidation**, Abgabe von Elektronen):
$2\,Br^-_{(aq)} \longrightarrow Br_{2\,(aq)} + 2\,e^-$

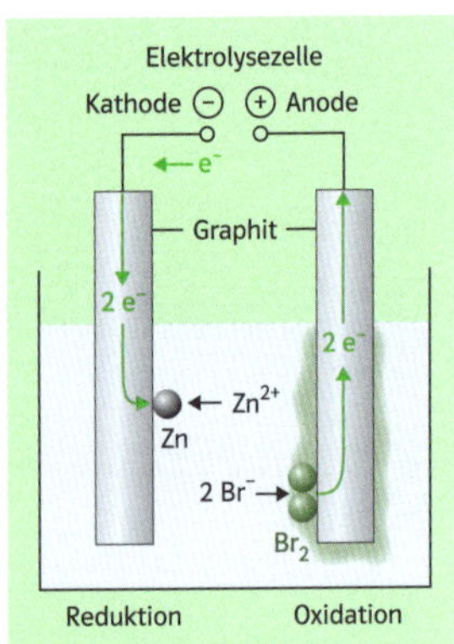

Hinweis: Der Index (aq) zeigt an, dass es sich um in Wasser gelöste Teilchen handelt; mit (s) kennzeichnet man Feststoffe.

4

Lehrer-Tipp: Wie erkenne ich eine Reduktion?

„Bei dem Wort ‚Reduktion' denkt man daran, dass etwas kleiner wird. Wenn bei einem Teilchen durch eine Reaktion die Ladung kleiner oder sogar negativ wird, ist es eine Reduktion. Reduziert man Cu^{2+}, wird es zu Cu (von 2 auf 0); Sauerstoff O_2 wird durch Elektronenaufnahme zu $2\,O^{2-}$ reduziert (von 0 auf −2)."

Jens Weber, Gymnasiallehrer in Wuppertal

5 Atombindung und Moleküle

QUICK-FINDER

5.1 Atombindung

5.2 Elektronegativität

5.3 Polare Atombindung

5.1 Atombindung

Grundsätzliches

Die Atombindung nennt man auch **kovalente Bindung** oder **Elektronenpaarbindung**. Sie ist neben der **Ionenbindung** und der **Metallbindung** eine der drei Arten, wie sich Atome miteinander verbinden können. Im Gegensatz zu den beiden anderen Bindungsarten bilden sich keine Gitter aus einer Vielzahl von Teilchen, sondern sogenannte **Moleküle** mit einer **definierten Zahl von Atomen**.

Kennzeichen der Atombindung

Bei der Atombindung bilden Valenzelektronen der beteiligten Atome **gemeinsame Elektronenwolken** um die Kerne, die dadurch zusammengehalten werden. Man spricht von **bindenden Elektronenpaaren**.

5

Erstes Merkmal: Elektronen

Auch bei der Atombindung geht es darum, dass jedes beteiligte Atom die **Edelgaskonfiguration** erreichen will.

Besonders wichtig: Elektronen einer Atombindung

Bei einer **Atombindung** bilden sich so viele **gemeinsame bindende Elektronenpaare**, dass jedes der beteiligten Atome eine volle Valenzschale (Edelgaskonfiguration) erhält, da die gemeinsamen Elektronen **beiden Atomen zugerechnet** werden. Meist verbleiben weitere Elektronenpaare bei den einzelnen Atomen, sie

heißen **nicht bindende Elektronenpaare** und haben keinen Einfluss auf die Bindung. Die entstandenen Verbindungen nennt man **Moleküle.**

Im Gegensatz zur Ionenbindung und Metallbindung geben die beteiligten Atome keine ihrer Elektronen vollständig ab oder nehmen welche auf. Es entstehen also **keine Ionen.**

Beispiel:
Chlor liegt in der Natur immer als zweiatomiges Molekül Cl_2 vor. Ein Chloratom hat sieben Valenzelektronen. Jedes der zwei Chloratome liefert ein Valenzelektron für ein bindendes Elektronenpaar. So erhält jedes Cl-Atom eine volle Außenschale mit acht Außenelektronen: Dadurch entsteht eine Edelgaskonfiguration – hier: Argon.

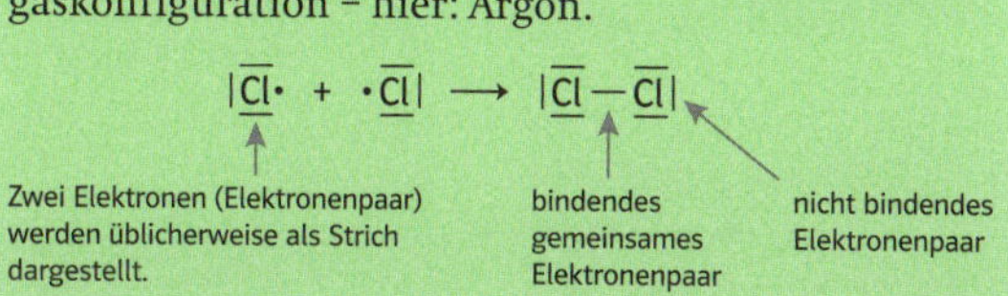

Hinweis: Elektronenpaare werden anstatt als zwei Pünktchen üblicherweise als Strich dargestellt.

Zweites Merkmal: Beteiligte Elemente
Für jede Bindungsart gibt es typische Elemente. Bei der Atombindung sind dies die **Nichtmetalle** im rechten Teil des Periodensystems (Hauptgruppen IV, V und VI sowie Element-Moleküle der VII). Ionenverbindungen sind häufig Verbindungen zwischen Nichtmetallen und Metallen, und elementare Metalle bilden eine Metallbindung aus.

Moleküle

Moleküle bestehen aus zwei oder mehr Atomen, die untereinander durch Atombindungen verbunden sind. Sie können aus einem Element oder aus mehreren Elementen gebildet werden.

Beispiele:		
1 Element	**2 Elemente**	**3 Elemente**
H_2 Wasserstoff	H_2O Wasser	CH_3OH Ethanol
Cl_2 Chlor	CO_2 Kohlendioxid	$CHCl_3$ Chloroform
N_2 Stickstoff	NH_3 Ammoniak	CCl_3F Trichlorfluormethan

Mehrfachbindungen

Atome können nicht nur ein gemeinsames, sondern auch zwei und drei gemeinsame Elektronenpaare miteinander ausbilden. Man spricht von **Einfachbindungen**, **Doppelbindungen** und **Dreifachbindungen**. Bei einer Doppelbindung erhält dann jedes Atom **vier**, bei einer Dreifachbindung **sechs** Elektronen zugerechnet. Beispiele für Moleküle mit Doppelbindungen sind CO_2 (Kohlenstoffdioxid) und C_2H_4 (Ethen), für solche mit Dreifachbindung N_2 (Stickstoff) und C_2H_2 (Ethin, besser bekannt als Acetylen).

Kohlenstoffdioxid CO_2	Stickstoff N_2
O=C=O	|N≡N|

Alle Atome haben durch Elektronenpaarteilung eine Edelgaskonfiguration erreicht.

Räumlicher Aufbau

Aus den beteiligten Elemente und der Zahl und Anordnung der bindenden und nicht bindenden Elektronenpaare ergibt sich die Form, die ein Molekül im Raum annimmt. Manche Moleküle, die aus mehr als zwei Atomen bestehen, sind linear angeordnet. Die meisten nehmen eine andere Form im Raum ein.

Elektronenpaar-Abstoßungs-Modell (EPA-Modell)

Dieses Modell basiert darauf, dass sich Elektronen aufgrund ihrer negativen Ladung gegenseitig **abstoßen**. Alle Elektronenpaare im Molekül nehmen Positionen mit dem **größtmöglichen Abstand** zueinander ein. Dadurch wird der räumliche Aufbau des Moleküls bestimmt.

Beispiele:

Anzahl Bindungspartner	Form	Beispiel
1	linear/gestreckt	HCl
2	linear/gestreckt	CO_2
2	gewinkelt	H_2O
3	pyramidal	NH_3
4	tetraedrisch	CH_4

Bei der gestreckten Form beträgt der **Bindungswinkel** zwischen zwei Elektronenpaaren **180°**, bei der pyramidalen Form **120°** und bei der tetraedrischen Form **109,5°**.

Zeichnerische Darstellung

Um den räumlichen Aufbau eines Moleküls darzustellen, gibt es unterschiedliche Verfahren. So wird die Formel von H_20 oder NH_3 oft gewinkelt dargestellt, um die Abstoßung der Elektronenpaare zu berücksichtigen.

Wasser H_2O

Ammoniak

Auch eine besondere grafische Darstellung der bindenden Elektronenpaaren bei Tetraedern ist üblich: Ein volles Dreieck mit der Spitze nach innen steht dabei für das aus der Papierebene in Richtung Betrachter zeigende Elektronpaar, das gestrichelte Dreieck weist mit der Spitze nach hinten. Die zwei normalen Striche befinden sich in der Papierebene. Als Beispiel dient Methan.

5.2 Elektronegativität

Grundsätzliches

Je nach Element ziehen Atomkerne Elektronen unterschiedlich stark an. Das Maß für diese Anziehung heißt **Elektronegativität**. Sie ist von großer Bedeutung, um Bindungen von Molekülen zu verstehen.

Ursachen

Die Elektronegativität ist abhängig von der **Ladung des Kerns** und dem Abstand der Außenelektronen zum Kern, also der **Zahl der Elektronenschalen**. Sie gibt die Anziehungskraft an, die der Atomkern auf die Valenzelektronen ausübt.
Je **höher** die Kernladung ist und je **weniger** Schalen ein Atom aufweist, desto **größer** ist seine Elektronegativität.

Wichtig: Im Periodensystem nimmt die Elektronegativität von oben nach unten in einer Gruppe/Spalte ab (Anzahl der Schalen steigt) und von links nach rechts in einer Periode zu (Kernladung wird größer).

Hinweis: Die Elektronegativität des Elements, das Elektronen am stärksten anzieht, nämlich **Fluor**, wurde willkürlich auf den Wert 4,0 festgelegt.

Beispiele:

Element	Hauptgruppe	Periode	Elektronegativität
H	I	1	2,1
Li	I	2	1,0
Na	I	3	0,9
O	VI	2	3,5
F	VII	2	4,0
Cl	VII	3	3,0

Auswirkungen

Wenn an einem Molekül Elemente mit unterschiedlicher Elektronegativität beteiligt sind, werden die gemeinsamen Elektronen von den Atomen eines Elements stärker angezogen als von dem/den anderen.

Wichtig: Der Unterschied in der Elektronegativität der beteiligten Atome **bestimmt den Bindungstyp** (Ionenbindung, polare Atombindung oder unpolare Atombindung).

5.3 Polare Atombindung

Unterschied zur unpolaren Atombindung

Atombindungen werden unterteilt in **polare** und **unpolare** Atombindungen. **Unpolare Atombindungen** liegen dann vor, wenn sich die Elektronegativität der Atome in einem Molekül nicht unterscheidet, z.B. weil nur ein Element vorkommt wie bei Brom Br_2. Die gemeinsamen Elektronen werden gleich stark angezogen, die gemeinsame Elektronenwolke ist symmetrisch um die Atome angeordnet.

Ladungsverteilung

Bei unterschiedlichen Elektronegativitäten der Atome in einem Molekül entsteht eine **ungleiche Ladungsverteilung**. Die Elektronenwolke ist zum stärker elektronegativen Atom hin **verschoben**. Als Konsequenz entstehen Moleküle mit **Teilladungen**.

Wichtig: Nach außen ist das Molekül elektrisch neutral, weil sich die Ladungen aufheben.

Moleküle mit Teilladungen

Durch die unterschiedlich starken Anziehungskräfte der beteiligten Atome auf Elektronen entstehen Teilladungen: Die **negative** Teilladung befindet sich bei dem/den stärker elektronegativen Atom(en), die **positive** Teilladung beim weniger elektronegativen Teil. Wenn die Teilladungen symmetrisch angeordnet sind, fallen die Ladungsschwerpunkte zusammen.

Beispiel:
Kohlenstoffdioxid CO_2 ist ein Beispiel für ein Molekül mit Teilladungen, aber ohne Dipol. Der negative und der positive Ladungsschwerpunkt **fallen zusammen**: Der Schwerpunkt der positiven Teilladung liegt im Zentrum beim C. Der Schwerpunkt der beiden negativen Teilladungen der zwei O-Atome liegt ebenfalls im Zentrum, weil die negativen Ladungen **symmetrisch** linear angeordnet sind (Unterschied zum Wasser-Molekül!).

Ladungsschwerpunkt

Bei einer polaren Atombindung existieren immer Teilladungen. Sie haben für positive und negative Teilladung separate **Schwerpunkte**. Um die Auswirkung auf das ganze Molekül zu ermitteln, betrachtet man die räumliche Anordnung der Atome im Molekül und bestimmt ihre Teilladungen sowie deren Zentrum. Fällt der Ladungsschwerpunkt der negativen (Zeichen: δ^-, Delta minus) mit dem der positiven (Zeichen: δ^+, Delta plus) zusammen, spricht man von Molekülen mit Teilladungen. Fallen die beiden Ladungsschwerpunkte **nicht** zusammen, handelt es sich Dipole.

Dipolmoleküle

Auch in einem Dipolmolekül gibt es positive und negative Teilladungen. Weil aber die Ladungsschwerpunkte **getrennt** sind, entsteht ein Dipol. Dipolmoleküle richten sich in elektrischen Feldern aus und die einzelnen Moleküle ziehen sich gegenseitig an.

Beispiel:
Wasser ist ein typisches Dipolmolekül. Auch alle Halogenwasserstoffmoleküle sind Dipole, z.B. HCl. Der Ladungsschwerpunkt der positiven Ladung befindet sich beim H, der Ladungsschwerpunkt der negativen Ladung beim Cl. Sie fallen also nicht zusammen.

kein Dipol	Dipol
$\delta^{\ominus}$ $\delta^{\oplus}$ $\delta^{\ominus}$	$\delta^{\oplus}$ $\delta^{\ominus}$
O=C=O	H—Cl

Lehrer-Tipp: Gemeinsame Elektronenpaare

„Jedes Atom ist bestrebt, eine volle Außenschale zu erhalten. Denk dran, dass bei einer Atombindung gemeinsame Elektronen doppelt gezählt werden, sie werden beiden Atomen zugerechnet. Wasserstoff kann nur eine Einfachbindung eingehen. Alle anderen Atome bilden so viele bindende Elektronenpaare aus, bis jedes Atom acht Außenelektronen aufweisen kann."

Christine Vogel, Gymnasiallehrerin in Köln

6 Reaktionen von Stoffen und Energieumsätze

QUICK-FINDER

6.1 Chemische Reaktionen

Grundsätzliches

Fast alle Stoffe verändern sich im Lauf der Zeit – mal schneller, mal langsamer. Generell gibt es zwei Arten von Veränderungen.

Physikalischer und chemischer Vorgang

- Ein **physikalischer Vorgang** ist definiert als **Zustandsänderung**: Es ändert sich der Aggregatzustand und/oder die Form. Der Stoff und seine Eigenschaften bleiben **gleich**.
- Bei einem **chemischen Vorgang**, auch **chemische Reaktion** genannt, kommt es zu einer **Stoffänderung**: Die eingesetzten Stoffe sind nach dem Vorgang nicht mehr vorhanden, es haben sich neue Stoffe mit **neuen Eigenschaften** gebildet.

Bei einer **chemischen Reaktion** entstehen aus den eingesetzten Stoffen neue Stoffe mit anderen Eigenschaften.

Begriffsdefinition Edukt und Produkt

Edukte sind die Stoffe, die man bei einer chemischen Reaktion einsetzt – die Ausgangsstoffe. **Produkte** heißen die Stoffe, die durch die Reaktion entstehen.

Beispiele:

Physikalische und chemische Vorgänge

- **Physikalische Vorgänge** sind z.B. das Gefrieren von Wasser oder das Lösen von Zucker in Wasser. Die Stoffe bleiben trotz Veränderung des Zustands gleich und weisen weiterhin ihre typischen Eigenschaften auf.

- **Chemische Vorgänge** sind z.B. das Rosten von Eisen oder die Reaktion von Na und Cl_2 zu NaCl. Es sind neue Stoffe entstanden – Eisenoxid bzw. Natriumchlorid –, die ganz andere Eigenschaften zeigen als die Ausgangsstoffe Eisen und Sauerstoff bzw. Natrium und Chlor.

Vorgänge bei der chemischen Reaktion

Die Vorgänge bei chemischen Reaktionen kann man gut mit dem Teilchenmodell erklären. Bei einer chemischen Reaktion werden Atome nicht zerstört und es entstehen keine neuen. Stattdessen stellt man sich die Bildung von neuen Stoffen als **Umgruppierung** und **Neuanordnung** der **vorhandenen Atome** vor:

- Zuerst liegen die Atome der Edukte in Teilchenverbänden nebeneinander als Gemisch vor.
- Während der Reaktion, bei der die Teilchen zusammenstoßen, werden die Bindungen innerhalb der Teilchenverbände der Edukte aufgebrochen, z.B. spalten sich Moleküle in ihre einzelnen Atome. Es bilden sich neue Verbände, die sich aus Atomen der ursprünglichen Edukte in neuer Kombination zusammensetzen.
- Im Produkt schließlich liegen neue Teilchenverbände vor, es sind **Verbindungen** entstanden. Diese lassen sich nicht wie Gemische einfach mit physikalischen Methoden auftrennen, es sind sehr stabile Reinstoffe. Allerdings können sie mit Hilfe chemischer Methoden in ihre elementaren Stoffe, aus denen sie aufgebaut sind, zerlegt werden.

Zwischen den unterschiedlichen Atomen des Produkts herrschen **größere Anziehungskräfte** als zwischen den

Atomen der einzelnen Edukte. Der dadurch **gesunkene Energieinhalt** und die **größere Stabilität** ist die treibende Kraft für eine chemische Reaktion.

Teilchenmodell bei zwei elementaren Feststoffen: chemische Reaktion und Herstellung eines Gemisches

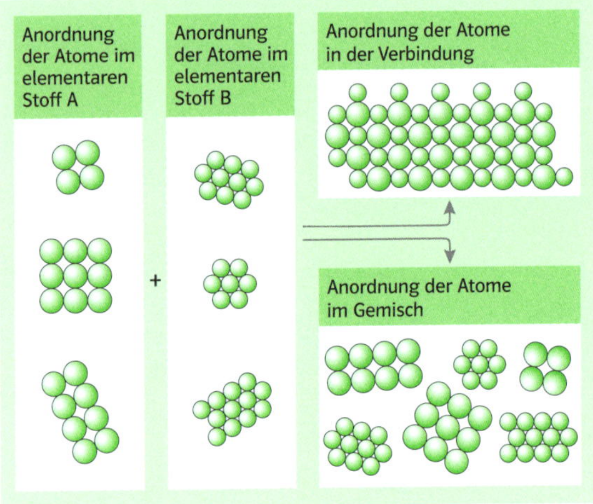

Chemische Gesetze

Für chemische Reaktionen gelten einige Regeln und Gesetzmäßigkeiten, die **immer** zu beobachten sind.

Gesetz von der Erhaltung der Masse

Dieses Gesetz besagt: Bei jeder chemischen Reaktion verändert sich die Masse nicht: Die Masse der Reaktionsprodukte ist gleich der Masse der Edukte.

Ermittelt man die Masse aller Edukte vor der Reaktion und die aller Produkte nach der Reaktion, so ist sie gleich. Dies ist nachvollziehbar, weil bei einer chemischen Reaktion Atome weder vernichtet noch erschaffen werden.

Hinweis: Natürlich muss man dabei auch die Masse von nicht sichtbaren Stoffen wie Gasen beachten.

Gesetz der konstanten Massenverhältnisse

Dieses Gesetz, das auch als **Gesetz von den konstanten Proportionen** bekannt ist, besagt: Stoffe – egal ob Elemente oder Verbindungen – reagieren immer in ganz bestimmten Massenverhältnissen miteinander. Die Elemente in jeder chemischen Verbindung weisen stets ein konstantes Massenverhältnis auf.

Wichtig: Weil man mit den extrem kleinen Massen einzelner Atome schlecht rechnen kann, hat man den Begriff der **Stoffmenge n** eingeführt, die Einheit ist das Mol. Per Definition sind ein Mol genau so viele Teilchen, wie Atome in 12,0 g Kohlenstoff ^{12}C vorhanden sind: $\mathbf{6{,}022 \times 10^{23}}$ **(Avogadro-Konstante)**.

Molmasse M ist die Masse, die ein Mol eines Elements oder einer Verbindung hat; das ist genau die Masse in Gramm, wie die Masse des jeweiligen Atoms/des Moleküls in u beträgt. So ist die Atommasse von Sauerstoff 16,0 u, ein Mol Sauerstoff hat die Masse 16,0 g. Das entspricht der Molmasse $16{,}0\ \frac{g}{mol}$. Die Masse eines Wassermoleküls beträgt 18,0 u, ein Mol Wasser hat die Masse 18,0 g, also ist $M = 18{,}0\ \frac{g}{mol}$.
Beziehung zwischen Molmasse, Masse und Stoffmenge: $\mathbf{M = \frac{m}{n}}$ bzw. $\mathbf{n = \frac{m}{M}}$.

6.2 Reaktionsgleichungen

Um Reaktionen kurz und eindeutig zu beschreiben, wurden Reaktionsgleichungen als Kurzform eingeführt.

Reaktionsschema

Bei der formelhaften Darstellung einer chemischen Reaktion, **Reaktionsschema** genannt, schreibt man die Edukte links des Reaktionspfeils und das/die Produkt(e) rechts davon. Der Reaktionspfeil symbolisiert den Reaktionsvorgang, man sagt „reagieren zu".

Beispiel:
Natrium und Chlor reagieren zu Natriumchlorid.
Als Formel ausgedrückt: $Na + Cl \longrightarrow NaCl$
Chemisch korrekt („stöchiometrisch"):
$2\,Na + Cl_2 \longrightarrow 2\,NaCl$

Aufstellen von Reaktionsgleichungen

Zur Aufstellung von chemisch korrekten Reaktionsschemata ist das Wissen um die Anzahl der Außenelektronen von entscheidender Bedeutung. Man führt folgende Schritte durch:

- Ermittlung des **Aufbaus der Edukte** (ein- oder mehratomig, genaue Zusammensetzung bei Verbindungen),
- Bestimmung der jeweils **benötigten Elektronen** zum Erreichen der Edelgaskonfiguration (die vorhandenen Valenzelektronen entsprechen der Hauptgruppennummer) und dadurch die Zusammensetzung des Produkts/der Produkte,
- **Ausgleichen** der Atome: Links vom Reaktionspfeil müssen sich genau so viele Atome der einzelnen Elemente befinden wie rechts.

Beispiel:
Herleitung der korrekten Reaktionsgleichung von Natrium und Chlor zu Natriumchlorid.

- Struktur der Edukte: Na und Cl_2
  (Deshalb ist $Na + Cl \longrightarrow NaCl$ falsch.)
- Jedes Na-Atom gibt zum Erreichen der Edelgaskonfiguration ein Elektron ab, jedes Cl-Atom nimmt ein Elektron auf. Die entstehende Verbindung ist NaCl.
  (Deshalb ist $Na + Cl_2 \longrightarrow NaCl_2$ falsch.)
- $Na + Cl_2 \longrightarrow NaCl$ ist noch nicht vollständig: Links stehen zwei Cl-Atome, rechts nur eins. Zum Ausgleich erhält das Produkt den Faktor 2:
  $Na + Cl_2 \longrightarrow 2\,NaCl$ ist noch nicht ganz korrekt. Die Anzahl der Cl-Atome stimmt, allerdings ist nun rechts vom Pfeil ein Na-Atom mehr als links. Deshalb erfolgt nun noch ein Ausgleich beim Edukt.
  Korrekt: $2\,Na + Cl_2 \longrightarrow 2\,NaCl$

Wichtig: Nach Ermittlung der korrekten Formel der Edukte und Produkte darf beim Ausgleichen der Anzahl der Atome nur die **Anzahl** der Eduktatome und/oder der Produktatome geändert werden, nie ihr kleingeschriebener Index!

6.3 Energieumsatz

Exotherme und endotherme Reaktionen

Hier geht's zum passenden Lern-Video.

Es gibt verschiedene Arten von chemischen Reaktionen. Eine Möglichkeit der Unterteilung besteht darin, den

Energieinhalt vor und nach der Reaktion zu vergleichen.

Exotherme Reaktionen

So nennt man Reaktionen, bei denen Energie frei wird („exo“ = außerhalb). Solche chemischen Reaktionen laufen **freiwillig** ab, da dadurch die Stoffe stabiler werden: Der **Energieinhalt** des Produkts/der Produkte ist geringer als der der Ausgangsstoffe. Die freiwerdende Energie wird abgegeben, z.B. in Form von **Wärme** (thermische Energie) und/oder **Licht** (Strahlungsenergie). Allerdings benötigt man eine gewisse **Zufuhr** von Energie, um die Reaktion zu starten **(Aktivierungsenergie)**. Danach läuft sie von alleine ab: Die freiwerdende Energie genügt, um die Reaktion in Gang zu halten.

Endotherme Reaktionen

So nennt man Reaktionen, bei denen permanent Energie zugefügt werden muss, damit sie ablaufen („endo“ = innerhalb). Dadurch können Reaktionen, die normalerweise nicht stattfinden würden, **erzwungen** werden; z.B. die Umkehrung von exothermen Reaktionen.

Aktivierungsenergie und Katalyse

Damit eine Reaktion überhaupt stattfindet, muss mit Hilfe der Aktivierungsenergie zuerst eine Energiebarriere überwunden werden. Die **Aktivierungsenergie** ist die Energie, die aufgebracht werden muss, damit genügend starke Zusammenstöße der Ausgangsteilchen für eine Reaktion stattfinden. Aufgrund dieser oft in Form von Wärme zugeführten Energie bewegen sich die Teilchen schneller: Die Anzahl der Zusammenstöße erhöht sich und die Wucht beim Zusammenprall ist größer.

Katalysator

Katalysatoren sind Stoffe, die die **Energiebarriere herabsenken**, so dass eine **geringere Aktivierungsenergie** nötig ist und die Reaktion **schneller** erfolgt. Dabei liegen sie nach der Reaktion unverändert vor, Katalysatoren verbrauchen sich nicht. Man benötigt nur eine **geringe Menge**, die wiederholt eingesetzt werden kann. Oft spielen mit dem Katalysatormolekül gebildete **Zwischenprodukte** eine entscheidende Rolle oder die Katalysator-Oberfläche: Die beteiligten Teilchen zeigen eine Wechselwirkung mit dieser Oberfläche, dadurch ist die notwendige Energie zur Überwindung der Anziehungskräfte zwischen den Teilchen geringer.

Beispiel:
Edelmetalle wie Platin und Palladium werden als Katalysatoren zur Kfz-Abgasbehandlung eingesetzt.

Wichtig: Ein Katalysator verändert nicht die Reaktion selber. Die Produkte sind identisch mit denen der entsprechenden nichtkatalysierten Reaktion.

Energiediagramm in einer exothermen Reaktion

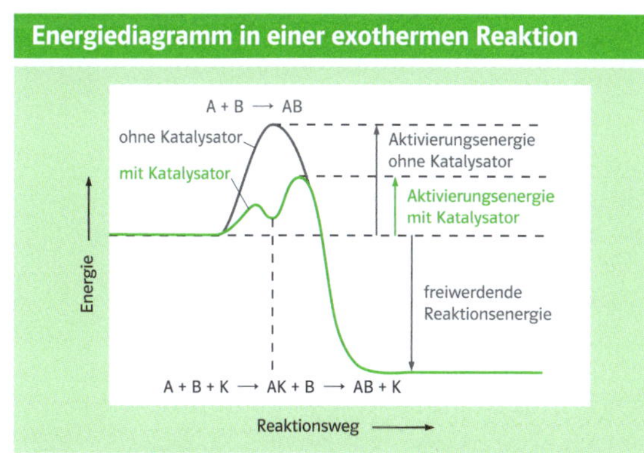

Das Überwinden der Energiebarriere einer exothermen Reaktion (mit und ohne Katalysator) lässt sich anschaulich mit Hilfe eines Diagramms darstellen (AK ist ein mit dem Katalysator gebildetes Zwischenprodukt).

6.4 Energienutzung

Kraftwerke

In Verbrennungs- und Kernkraftwerken macht man sich die Energiefreisetzung exothermer chemischer bzw. nuklearer Reaktionen zunutze. Von der in Deutschland eingesetzten Energie werden über 80 % mittels Verbrennungsreaktionen erzeugt.

Verbrennung

Typischerweise werden in Kraftwerken fossile Brennstoffe – so bezeichnet man Kohle und Kohlenstoffverbindungen wie Erdgas und Heizöl – verbrannt. Es entsteht Kohlendioxid und thermische Energie, also Wärme, da der Energieinhalt des Produkts Kohlendioxid bei gleicher Temperatur geringer ist als der der Edukte Kohle und Sauerstoff. Mithilfe dieser thermischen Energie wird Wasser verdampft. Der entstandene Wasserdampf treibt eine Turbine ein. Diese Bewegungsenergie wird in einem Generator in elektrische Energie umgewandelt.

Weitere Kraftwerkstypen

Neben den Verbrennungskraftwerken gibt es noch andere Möglichkeiten, im größeren Maßstab nutzbare Energie zu gewinnen.

- Dazu gehören **Kernkraftwerke**, bei denen durch Atomkernspaltung Wärme erzeugt wird. Diese Wärme wird dann wie bei den konventionellen Verbrennungskraft-

werken zur Erzeugung von Wasserdampf und schließlich zur Herstellung von elektrischer Energie genutzt. Durch die Kernspaltung entsteht **Radioaktivität**, die für alle Lebewesen gefährlich ist. Deshalb müssen Kernkraftwerke sehr hohe Sicherheitsauflagen erfüllen.

- Andere Kraftwerkstypen sind Wind- und Wasserkraftanlagen, bei denen ohne Umwege Bewegungsenergie entsteht, die zur Erzeugung von Strom genutzt wird.
- Bei Solarstromanlagen wird Strahlungsenergie, die von der Sonne stammt, in elektrische Energie umgewandelt.

Energieverlust

Bei jeder Energieumwandlung und jedem Energietransport geht **nutzbare** Energie verloren, meist als Wärme. Dies bezeichnet man als **Energieentwertung**. Ein Maß, um den Energieverlust zwischen Quelle und der am Ende nutzbaren Energie auszudrücken, ist der **Wirkungsgrad**.

Beispiel: Der Wirkungsgrad eines Verbrennungskraftwerks ist 36 %: Man erhält nur 36 % der Energie des Brennstoffs als nutzbare elektrische Energie.

Besonders wichtig: Energieverlust?

Energie kann weder erzeugt noch vernichtet werden. Allerdings existieren viele unterschiedliche Arten, wie Energie auftreten und transportiert werden kann, z.B. in Form von Wärme, Elektrizität, Strahlung oder Bewegung. Bei Reaktionen wird nur der Energieträger gewechselt. Oft geht Energie allerdings in Form von Wärme verloren, so dass die **nutzbare Energie** geringer wird.

Andere Arten der Energienutzung

Neben Kraftwerken gibt es noch viele weitere Möglichkeiten, wie Energie nutzbar gemacht werden kann.

- Alle Kraftfahrzeuge enthalten **Motoren**, die sie antreiben. Neben den üblichen Verbrennungsmotoren wie Benzin- und Dieselmotoren werden auch neue Konzepte wie Elektromotoren, Wasserstoffmotoren oder Brennstoffzellen entwickelt.
- Eine lebenswichtige Form der Energienutzung findet man im Körper von Lebewesen. So werden in menschlichen **Zellen** aus der Nahrung Kohlenstoffverbindungen wie Fette, Eiweiße und Kohlenhydrate chemisch umgewandelt, durch deren stufenweise Oxidation wir Energie für unseren Körper erhalten. Man spricht auch hier von einer Verbrennung. Als Produkte entstehen hauptsächlich Kohlendioxid und Wasser. Die Einheit der Energie aus Nahrung, der **Nährwert**, ist Kilojoule bzw. Kilokalorie.

Lehrer-Tipp: Was ist ein Mol?

„Das Mol ist einfach ein Ausdruck für eine bestimmte Anzahl.
So wie das Wort ‚Dutzend‘ ein anderer Ausdruck für ‚zwölf Stück‘ ist, so steht ‚1 Mol‘ für ‚$6{,}022 \times 10^{23}$ Teilchen‘. Diese ungewöhnliche Zahl ergab sich dadurch, dass in 12,0 g des häufigsten Kohlenstoffisotops ^{12}C genau $6{,}022 \times 10^{23}$ Atome enthalten sind. Weil ein Wasserstoff-Atom eine geringere Masse hat, beträgt die Masse von $6{,}022 \times 10^{23}$ Wasserstoffatomen nur 1 g.“

Ina Müller, Gymnasiallehrerin in Halle

6

7 Wasser und Wasserstoff

QUICK-FINDER

7.1 Wasser

7.2 Wasserstoff

7.1 Wasser

Das Wassermolekül

Wasser H_2O ist ein Reinstoff, der aus den Elementen Wasserstoff und Sauerstoff besteht. Formal ist es ein Oxid. Der menschliche Körper besteht zu etwa 60 % aus Wasser.

Molekülaufbau

Ein Wassermolekül besteht aus einem Sauerstoffatom und zwei Wasserstoffatomen. Letztere weisen jeweils ein gemeinsames Elektronpaar mit dem Sauerstoffatom auf. So erhält jedes beteiligte Atom eine **Edelgaskonfiguration**. Das Molekül ist aufgrund der freien Elektronenpaare am Sauerstoffatom und der daraus folgenden gegenseitigen Abstoßungskräfte der Elektronenpaare **gewinkelt**; der Winkel beträgt 104,5°. Die Bindung zwischen O und H ist jeweils etwa 95,8 pm (Pikometer) lang. Wegen der großen Elektronegativitäts-Unterschiede zwischen Wasserstoff und Sauerstoff, der gewinkelten Struktur und der beiden freien Elektronenpaare sind Wassermoleküle **Dipolmoleküle** mit einer stark polaren Atombindung. Die Wasserstoffatome tragen jeweils eine positive Teilladung, das Sauerstoffatom eine negative Teilladung mit einem doppelt so großen Betrag: Das Molekül ist nach außen neutral.

Das Wassermolekül und seine Geometrie

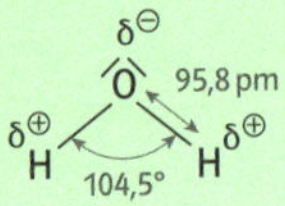

$\delta^{\ominus}$ O; 95,8 pm; $\delta^{\oplus}$ H; H $\delta^{\oplus}$; 104,5°

Wasserstoffbrückenbindungen

Aufgrund ihres Dipolcharakters ziehen sich die Wassermoleküle gegenseitig an. Zwischen dem Wasserstoffatom eines Wassermoleküls und einem **nicht bindenden Elektronenpaar** des Sauerstoffatoms eines anderen Wassermoleküls kommt es zu **elektrischen Wechselwirkungen**, den sogenannten **Wasserstoffbrücken**. Diese sind nicht statisch, sondern können sich immer wieder lösen und mit anderen Molekülen neu ausgebildet werden. Insgesamt ist ein Wassermolekül über Wasserstoffbrücken mit **vier** anderen Molekülen verbunden. Bei anderen chemischen Verbindungen mit Wasserstoffatomen und stark polaren Bindungen findet man ebenfalls Wasserstoffbrücken, z.B. bei **Ammoniak NH_3** und **Fluorwasserstoff HF**.

Wasserstoffbrücken zwischen Wassermolekülen

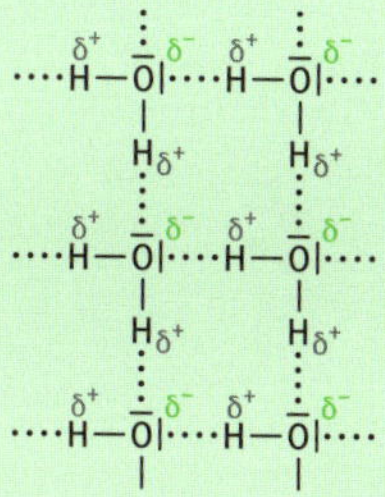

Physikalische Eigenschaften

Die Wasserstoffbrücken zwischen den Wassermolekülen sind die Ursache vieler **Besonderheiten**.

Besonders wichtig: Wasser ist anders

Ohne den starken **Dipolcharakter** und die sich deshalb ausgebildeten **Wasserstoffbrücken** wären die Eigenschaften von Wasser ganz anders und damit das Leben, wie wir es auf der Erde kennen, nicht möglich. Zum Beispiel wäre Wasser, wenn es keine Dipolmoleküle hätte, bei Raumtemperatur und Normaldruck gasförmig.

Aggregatzustand

Wasser kommt in der Natur in allen drei Aggregatzuständen vor, was es einzigartig macht. Bei Normaldruck ist es bei 0 °C und darunter fest (**Eis**), bei 100 °C und darüber gasförmig (**Wasserdampf**) und zwischen 0 °C und 100 °C **flüssig**. Diese für uns so normale Tatsache ist genau genommen eher **ungewöhnlich**, denn für so ein kleines Molekül ist der Siedepunkt sehr hoch. So ist die sehr ähnlich aufgebaute Verbindung Schwefelwasserstoff H_2S gasförmig, da der Dipolcharakter der Moleküle weniger stark ausgeprägt ist. Grund für den bei Raumtemperatur flüssigen Aggregatzustand von Wasser ist der Zusammenhalt durch Wasserstoffbrückenbindungen zwischen den einzelnen Molekülen, die einen starken Dipolcharakter haben.

Dichte

Seine größte Dichte weist Wasser bei **4 °C** auf. Sie beträgt dann etwa $1\,\frac{g}{cm^3}$. Die Dichte nimmt unterhalb dieser Temperatur wieder ab, Wasser dehnt sich also bei weiterer Abkühlung wieder aus. Diese Besonderheit nennt man **Dichteanomalie** des Wassers. Ursache sind bereits bzw. noch vorhandene Eiskristalle mit einer geordneten

Struktur und Hohlräumen sowie das Auflösen und Bilden von Wasserstoffbrücken.

Die **Dichteanomalie des Wassers** besteht darin, dass die Dichte von Wasser bei Temperaturen ober- und unterhalb von **4 °C abnimmt**: Das Volumen nimmt zu, der Stoff dehnt sich aus.
Normalerweise steigt die Dichte mit abnehmender Temperatur, das Volumen wird kleiner.

- Ohne diese Eigenschaft würden **Gewässer** im Winter komplett zufrieren. Dank Dichteanomalie ist das schwerste Wasser, das nach unten gesunken ist und sich am Boden befindet, aber flüssig, so dass auch bei Temperaturen unterhalb des Gefrierpunktes ein **Überleben von Flora und Fauna** in Gewässern gesichert ist.
- Die Dichteanomalie erklärt das Phänomen der auf Wasser schwimmenden **Eisberge**. Normalerweise hat der feste Aggregatzustand eines Stoffes eine größere Dichte als der flüssige. Der Eisberg müsste also untergehen. Er schwimmt aber auf dem Wasser, weil bei Wasser der Festkörper eine geringere Dichte aufweist als die Flüssigkeit.

Dichte von Wasser

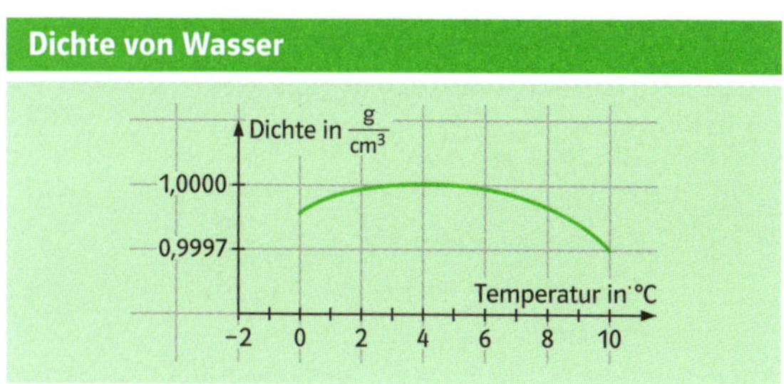

Oberflächenspannung

Wasser hat eine hohe Oberflächenspannung, bei näherer Betrachtung scheint die Oberfläche gespannt zu sein. Dies sieht man z.B. bei der runden Form von Wassertropfen oder an einem mit Wasser gefüllten Glas, welches sich über den Glasrand hinaus mit Wasser auffüllen lässt. Ursache sind die **Wasserstoffbrücken**, welche von den Molekülen im **Inneren** der Flüssigkeit in alle Richtungen ausgebildet werden. Dadurch werden auch die Moleküle der Oberfläche nach innen gezogen. Da aufgrund der bereits vorhandenen Moleküle aber kein Platz ist, um dieser Anziehung zu folgen, stehen die Wassermoleküle an der Oberfläche unter Spannung.

Weitere Eigenschaften

Wasser ist **ungiftig**, **geschmacklos** und **farblos**. Erst bei mehreren Metern Dicke erscheint es aufgrund von Lichtabsorption blau, z.B. in Meeren und Seen. Auch hier gibt es wieder erstaunliche Unterschiede zum formal ähnlich aufgebauten gasförmigen Schwefelwasserstoff H_2S, welcher stark giftig und übelriechend („faule Eier") ist. Wasser kann exotherm aus Wasserstoff und Sauerstoff gebildet und in einer endothermen Reaktion wieder in diese Elemente zerlegt werden **(Elektrolyse)**.

Wasser als Lösungsmittel

Wasser ist aufgrund seiner Dipolmoleküle das am häufigsten eingesetzte Lösungsmittel.

Lösen von Salzen

Das Lösen von Salzen in Wasser geschieht über das Abtrennen einzelner Ionen aus dem Ionengitter. Aufgrund ihres Dipolcharakters werden Wassermoleküle sowohl

von Kationen als auch von Anionen der Ionengitteroberfläche **angezogen**. Sie umhüllen die einzelnen Ionen, welche dadurch aus dem Gitterverbund gelöst werden. Die Ionen sind nun im Wasser frei beweglich und von mehreren Wassermolekülen **(Hydrathülle)** umgeben. Auf diese Weise kann das komplette Gitter abgebaut werden, solange die Löslichkeit dieses Stoffes nicht überschritten wird. Man schreibt in Wasser gelöste Salze so (als Beispiel dient Chlorid): $Cl^-(aq)$. Je nachdem, ob beim Lösen des Salzes Energie frei wurde oder aufgewendet werden musste, ist eine **Temperaturänderung** zu bemerken.

Lösen von anderen Stoffen

Nicht nur Salze sind bis zu einer gewissen Menge in Wasser löslich, sondern auch **Dipolmoleküle**. Auch bei diesen lagern sich Wassermoleküle an und trennen sie aus einem Verbund ab. **Zucker** ist ein typisches Beispiel für solch einen wasserlöslichen, nicht aus Ionen aufgebauten Stoff. Unpolare, lipophile („fettfreundliche") Stoffe, z. B. Öl, hingegen sind kaum bis gar nicht wasserlöslich.

7.2 Wasserstoff

Eigenschaften

Wasserstoff ist ein **gasförmiger**, **farbloser**, **geruchloser** und **brennbarer** elementarer Stoff. Er besteht aus dem zweiatomigen Molekül H_2. Wasserstoff hat von allen Stoffen die **geringste Dichte** $\left(0{,}09\,\frac{g}{l}\right)$. Bei der Vermischung mit Luft – noch extremer mit reinem Sauerstoff – entsteht bei einem Wasserstoff-Volumenanteil zwischen 4 und 75 % gefährliches **Knallgas**, welches beim Zünden **explosionsartig** reagiert. Bei dieser stark **exothermen**

Reaktion ist **Wasser** das Produkt. Die **Knallgasprobe** mit einer geringen Menge an Gas dient zum Nachweis von Wasserstoff.

Herstellung

Es gibt unterschiedliche Arten, Wasserstoff zu produzieren. So lässt er sich z.B. durch **Elektrolyse von Wasser** herstellen. Da dies ein endothermer Prozess ist, muss kontinuierlich elektrische Energie aufgewendet werden. Bei der **Dampfreformierung**, welche die heutzutage verbreitetste Methode ist, wird Wasserstoff durch Aufspaltung von Kohlenwasserstoffen gewonnen.

Anwendung

Da die Dichte von Wasserstoff nur $\frac{1}{14}$ der von Luft beträgt, wurde er früher als **Füllgas für Zeppeline** verwendet. Aufgrund seiner Brennbarkeit ersetzte man ihn für derartige Anwendungen durch das Edelgas Helium. Bis heute dient er unter Verbrennung mit Sauerstoff als **Raketentreibstoff**. In der modernen Technik wird die Möglichkeit von Wasserstoff als **Energieträger** erforscht. Durch Verbrennung oder durch Oxidation in einer Brennstoffzelle wird die in ihm gespeicherte Energie wieder freigesetzt.

Lehrer-Tipp: Warum ist Wasser besonders?

„Um Euch die besonderen Eigenschaften von Wasser zu merken, denkt einfach an den schwimmenden Eisberg und daran, dass Teiche von oben zufrieren."

Jens Weber, Gymnasiallehrer in Wuppertal

8 Säuren, Basen, Neutralisation

QUICK-FINDER

8.1 Säuren

Wässrige saure Lösungen

Säuren sind Reinstoffe in fester, flüssiger oder gasförmiger Form. Oft bezeichnet man aber auch ihre **wässrigen Lösungen** als Säuren. Beim Lösen in **Wasser** geben sie mehr oder weniger stark Protonen (positiv geladene Wasserstoffionen) ab, die auf Wassermoleküle übertragen wird. Solch einen Zerfallsvorgang nennt man allgemein **Dissoziation**.

Beim Lösen von Säuren in Wasser bilden sich **Oxoniumionen** (H_3O^+-Ionen) durch **Protonenübertragung** von Säuremolekülen auf Wassermoleküle. Sie sind die für eine saure Lösung charakteristischen Teilchen.

Das Teilchen, das Protonen abgibt, nennt man **Protonendonator**; das Teilchen, das Protonen aufnimmt, **Protonenakzeptor**. Letzterer muss ein nichtbindendes Elektronenpaar aufweisen, über das das Proton gebunden werden kann. Protonenübergänge können nur stattfinden, wenn beide Partner vorhanden sind.

Beispiel:
Bei der Bildung einer wässrigen Salzsäurelösung ist das Säuremolekül der Protonendonator und das Wassermolekül der Protonenakzeptor.

$$H-\overline{\underline{Cl}}| + |\overline{O}(H)-H \longrightarrow |\overline{\underline{Cl}}|^{\ominus} + [H_2\overline{O}-H]^{\oplus}$$

HCl	+	H_2O	$\longrightarrow$	$Cl^{\ominus}$	+	$H_3O^{\oplus}$
Protonen-donator		Protonen-akzeptor				

Säurestärke und pH-Wert

Abhängig vom **Maß der Dissoziation** einer Säure in Wasser spricht man von einer **starken** oder einen **schwachen Säure**. Je größer der Anteil der übertragenen Protonen ist, desto stärker ist die Säure. Wenn sie nur gering dissoziiert ist, also nur wenige Oxoniumionen gebildet werden, ist sie eine schwache Säure.

Der **pH-Wert** gibt an, ob eine Lösung sauer, neutral oder basisch ist. Ausschlaggebend dafür sind die durch die Dissoziation der Säure gebildeten **Oxoniumionen**. Je mehr Oxoniumionen vorhanden sind, desto **kleiner** ist der pH-Wert und desto **stärker** die Säure. Auch die Konzentration der Säure hat einen Einfluss auf ihre Stärke und den pH-Wert. Säuren zeigen pH-Werte von 0 bis 6,9. Der pH-Wert 7 ist neutral und ein pH-Wert ab 7,1 bis 14 weist eine basische Lösung aus (s. S. 17 f.).

Eigenschaften

Wässrige saure Lösungen färben den Universalindikator **rot**. Sie weisen noch mehr Gemeinsamkeiten auf.

Stromleiter

Saure Lösungen sind wie Salzlösungen stromleitend, weil frei bewegliche **Ionen** vorhanden sind. Reine, wasserfreie Säuren leiten hingegen den Strom nicht, weil sie aus **Molekülen** bestehen. Eine bekannte Anwendung von stromleitender wässriger Säurelösung ist die Verwendung von wässriger Schwefelsäure in Autobatterien.

Reaktion mit Metallen, Salzbildung

Säuren zersetzen in wässriger Lösung **unedle Metalle** unter Bildung des entsprechenden Metallchlorids (**Salz**)

und gasförmigen Wasserstoffs, der entweicht (Symbol: ↑). Es läuft eine **Redoxreaktion** ab (s. S. 52 f.).

Beispiel:
Reaktion von wässriger Salzsäure HCl mit Magnesium, bei der Elektronen vom Magnesium auf das Oxoniumion übergehen: Magnesium wird oxidiert, die Oxoniumionen zu Wasserstoff reduziert. Die Chloridanionen nehmen nicht an der Reaktion teil. Dass die Magnesiumionen und die Chloridionen hydratisiert in der Lösung vorliegen, wird durch die ausführliche Schreibweise der Reaktion herausgestellt.

ausführlich:
$Mg + 2\,H_3O^+ + 2\,Cl^- \longrightarrow Mg^{2+} + 2\,Cl^- + 2\,H_2O + H_2\uparrow$

Kurzform:
$Mg + 2\,HCl \longrightarrow MgCl_2 + H_2\uparrow$

Kupfer, Quecksilber und Edelmetalle wie Silber, Gold oder Platin werden durch Säuren nicht angegriffen.

Reaktion mit Metalloxiden, Salzbildung

Auch **Metalloxide** lassen sich durch Säuren unter Bildung des entsprechenden **Salzes** und Wasser auflösen. Auf diese Weise kann man unerwünschte Oxidschichten von Metalloberflächen entfernen.

Beispiel:
Kupferoxid reagiert mit wässriger Salzsäure zu wässriger Kupferchloridlösung und Wasser.

ausführlich:
$Cu^{2+}O^{2-} + 2\,H_3O^+ + 2\,Cl^- \longrightarrow Cu^{2+} + 2\,Cl^- + 3\,H_2O$

Kurzform:
$CuO + 2\,HCl \longrightarrow CuCl_2 + H_2O$

8

Typische Säuren

Säuren sind wichtige Reaktionspartner in chemischen Reaktionen. Sie werden auch in großen Mengen in der chemischen Industrie verwendet.

Salzsäure

Salzsäure ist farblos und stark ätzend. Sie ist eine starke Säure und ein Vertreter der anorganischen Mineralsäuren – im Gegensatz zu den organischen Carbonsäuren (s. S. 141 ff.).

Salzsäure entsteht durch Einleiten der gasförmigen Säure **Chlorwasserstoff** in Wasser, in dem sie sich hervorragend löst („Springbrunnenversuch") und dann vollständig in Chloridionen Cl^- (**Salze** der Salzsäure) und Oxoniumionen H_3O^+ dissoziiert. Chlorwasserstoff erhält man durch die Reaktion von Wasserstoff mit Chlor.

Herstellung von Chlorwasserstoff:	$H_2 + Cl_2 \longrightarrow 2\,HCl$
Reaktion mit Wasser:	$HCl + H_2O \longrightarrow Cl^- + H_3O^+$

Stark konzentrierte Salzsäure bezeichnet man als **rauchende Salzsäure** wegen der Entstehung eines weißen Nebels, wenn Chlorwasserstoffgas aus offenen Flaschen entweicht und mit dem Wasser der Luft zu Salzsäure reagiert.

Stark verdünnte Salzsäure ist Bestandteil des Magensafts von Lebewesen („**Magensäure**", pH 1): Das Wachstum von Mikroorganismen wird gehemmt, auch wäre ohne sie die Verdauung von Eiweißstoffen nicht möglich.

Hinweis: Für Salzsäure schreibt man gewöhnlich HCl, auch wenn dies genau genommen Chlorwasserstoff ist.

Andere bekannte Säuren und ihre Salze

Weitere bekannte anorganische Säuren und ihre Salze, die entstehen, wenn Säuren mit Metallen oder Metalloxiden reagieren.

Beispiele:

Name	Formel	Salz(e)
Salpetersäure	HNO_3	Nitrat NO_3^-
Schwefelsäure	H_2SO_4	Sulfat SO_4^{2-} und Hydrogensulfat HSO_4^-
Phosphorsäure	H_3PO_4	Phosphat PO_4^{3-}, Hydrogenphosphat HPO_4^{2-} und Dihydrogenphosphat $H_2PO_4^-$

8.2 Basen

Wässrige basische Lösungen

Basen heißen auch **Laugen**. Ihre **wässrigen Lösungen** bezeichnet man auch als Basen oder als **alkalische Lösungen**. Sie färben Universalindikatorpapier **blau** und sind **stromleitend**.

Beim Lösen von Basen in **Wasser** bilden sich Hydroxidionen (OH^--Ionen) durch **Protonenübertragung** von Wassermolekülen auf Basenmoleküle. Diese sind die für eine wässrige basische Lösung charakteristischen Teilchen.

8

Es gibt zwei Arten von Basen:

- Solche, die aus **Ionen** bestehen wie z.B. Natriumhydroxid NaOH. Beim Lösen in **Wasser** werden die im Ionengitter fixierten Metallionen und **Hydroxidionen** hydratisiert und dadurch beweglich.
- Solche, die wie Säuren aus **Molekülen** bestehen und bei denen erst durch die Reaktion mit Wasser die charakteristischen Hydroxidionen entstehen, z.B. Ammoniak NH_3. In letzterem Fall ist das Wassermolekül der Protonendonator, die Base der Protonenakzeptor.

Wichtig: Es gibt sogenannte **Säure-Base-Amphotere**. Das sind Stoffe, die sowohl sauer als auch basisch reagieren können. Ein Beispiel sind Hydrogencarbonate (s. S. 113).

Ammoniak

Beim Lösen von gasförmigem Ammoniak NH_3 in Wasser findet ein Protonenübergang statt: Das Wassermolekül überträgt ein Proton auf das Ammoniakmolekül. Es entsteht das für eine Base charakteristische Hydroxidion und ein Ammoniumion. Diese wässrige Lösung von Ammoniumhydroxid nennt man **Ammoniakwasser** oder **Salmiakgeist**.

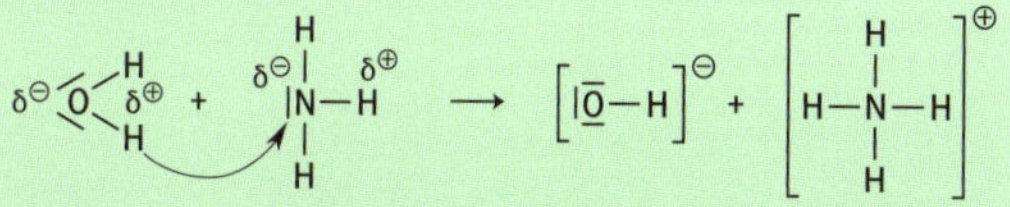

$$H_2O + NH_3 \longrightarrow OH^{\ominus} + NH_4^{\oplus}$$

H_2O	+	NH_3	$\longrightarrow$	$OH^{\ominus}$	+	$NH_4^{\oplus}$
Protonen-donator		Protonen-akzeptor				

$$H_2O + NH_3 \rightleftharpoons OH^- (aq) + NH_4^+ (aq)$$

Die Umsetzungsrate ist aber nicht allzu hoch. Die meisten Ammoniakmoleküle reagieren nicht, sondern liegen gelöst im Wasser vor und entweichen daraus bereits bei Zimmertemperatur.

Lässt man konzentrierten Ammoniak mit konzentrierter Salzsäure reagieren, so entsteht das **Salz** Ammoniumchlorid (Trivialname **Salmiak**), das sich als Feststoff abscheidet. Diese Reaktion findet auch statt, wenn man die Stoffe nur in die Nähe voneinander bringt – dann reagieren die Gase, ein weißer Rauch entsteht. Diese Reaktion dient als **Nachweisreaktion** für eines der beiden Edukte.

$$NH_3 + HCl \longrightarrow NH_4^+Cl^-$$

Ammoniak wird großtechnisch aus Stickstoff N_2 und Wasserstoff H_2 nach dem **Haber-Bosch-Verfahren** hergestellt, das nur durch den Einsatz von Katalysatoren möglich ist und für das die Erfinder den Nobelpreis erhielten. Allerdings ist die Herstellung des reinen Wasserstoffs sehr energieaufwändig. Auch auf natürlichem Wege entsteht Ammoniak, nämlich bei der bakteriellen Zersetzung pflanzlicher und tierischer Eiweiße (z.B. Stallgeruch bei Viehhaltung).

Ammoniak ist ein wichtiger Ausgangstoff der chemischen Industrie. So stellt man aus Ammoniak Düngemittel, Farbstoffe und Sprengstoffe, Medikamente und Pflanzenschutzmittel her. Er ist in Haushaltsreinigern und beim Friseur im Einsatz.

8.3 Neutralisation

Neutralisation von Lösungen

Beim Mischen einer Säurelösung und einer alkalischen Lösung entsteht unter starker Wärmeentwicklung Wasser.

Besonders wichtig: Neutralisation

Wässrige Säurelösungen und Baselösungen reagieren miteinander **exotherm** unter Entstehung von **Wasser** und des entsprechenden Salzes. Als Produkt aus den jeweils charakteristischen Teilchen Oxoniumionen und Hydroxidionen ergeben sich neutrale Wassermoleküle, während die weiteren Ionen unverändert bleiben.

$$H_3O^+ + OH^- \longrightarrow 2\,H_2O$$

Beispiel:
Natriumhydroxidlösung und Salzsäurelösung

$$Na^+ + OH^- + H_3O^+ + Cl^- \longrightarrow Na^+ + Cl^- + 2\,H_2O$$

Titration

Der Umstand, dass sich Lösungen mit jeweils gleicher Anzahl an Oxonium- bzw. Hydroxidionen **neutralisieren**, wird zur Konzentrationsbestimmung von sauren oder alkalischen Lösungen eingesetzt.

Vorgehen

Bei der Titration wird eine saure oder alkalische Lösung bekannter Konzentration (Maßlösung) zu einer alkalischen bzw. sauren Lösung unbekannter Konzentration gegeben; und zwar so lange, bis der Indikator in der Probelösung einen neutralen pH-Wert anzeigt (er „schlägt um"). Mit Hilfe der Konzentration der Maßlösung, ihres verbrauchten Volumens sowie des Volumens der Probelösung lässt sich die Konzentration der Probelösung ermitteln.

Stoffmengenkonzentration c

Die Stoffmengenkonzentration gibt an, welche Stoffmenge n eines Stoffes in einem bestimmten Volumen V gelöst ist. Die Einheit ist Mol pro Liter $\frac{mol}{L}$.

$$c = \frac{n}{V}$$

Beispiel:

Eine alkalische Lösung mit $c(OH) = 1\ \frac{mol}{L}$ enthält in 1 Liter Lösung 1 mol Hydroxidionen, also $6{,}022 \times 10^{23}$ Hydroxidionen.

Lehrer-Tipp: pH-Indikatoren

„Es gibt viele verschiedene pH-Indikatoren. Sie zeigen verschiedene Farbumschläge bei unterschiedlichen pH-Werten. Wenn man von einem Farbumschlag redet, muss deshalb auch der Indikator genannt werden. Sehr gebräuchlich ist der Universalindikator; eine Indikatormischung, die im sauren Bereich rot und im alkalischen Bereich blau ist."

Christine Vogel, Gymnasiallehrerin in Köln

9 Sauerstoff und Oxide

QUICK-FINDER

9.1 Sauerstoff

9.2 Oxide

9.1 Sauerstoff

Das Sauerstoffmolekül

Sauerstoff ist ein Element der sechsten Hauptgruppe, weist also sechs Außenelektronen auf. Zur Erlangung der Edelgaskonfiguration ist seine natürliche Form das zweiatomige Molekül O_2 mit zwei gemeinsamen bindenden Elektronpaaren. Somit besitzt jedes Sauerstoffatom im Molekül zwei nichtbindende Elektronenpaare.

$$\langle O{=}O \rangle$$

Eigenschaften

Sauerstoff ist bei Normaldruck und Raumtemperatur ein farbloses, geruchloses Gas, das nicht brennbar ist, aber die Verbrennung fördert. Die Dichte beträgt $1{,}43\frac{g}{l}$. Er wird im medizinischen Bereich in Beatmungsgeräten und bei Atemnot sowie in Schneidbrennern und in Verbindung mit Wasserstoff als Raketentreibstoff eingesetzt. Unter −183 °C ist er eine hellblaue Flüssigkeit. Der Schmelzpunkt beträgt −219 °C. Mit der **Glimmspanprobe** kann Sauerstoff nachgewiesen werden: Ein an Luft nur glimmender Holzspan flammt in reinem Sauerstoff auf.

Sauerstoff hat für die meisten Lebewesen, inklusive des Menschen, eine lebensnotwendige Bedeutung – er wird durch Atmung entweder der Luft oder durch Kiemenatmung dem Wasser entnommen. Die Löslichkeit in Wasser ist **temperaturabhängig**, weshalb eine Überhitzung von Flüssen und Seen gefährlich für Flora und Fauna ist.

Allerdings hat Sauerstoff ab einer bestimmten Konzentration eine giftige Wirkung. Deshalb ist die **Verdünnung** durch Stickstoff in unserer Atemluft von großer Bedeutung. Die größte Sauerstoffquelle sind Pflanzen, durch deren Stoffwechsel Sauerstoff als Produkt entsteht.

Luft

Als Luft bezeichnet man das **Gasgemisch** unserer Erdatmosphäre. Stickstoff ist der Hauptbestandteil der Luft, aber Sauerstoff ist der für uns bedeutendste Bestandteil. An reinem Stickstoff würden wir – wie der Name andeutet – ersticken.

Zusammensetzung der Luft

Stoff	Formel	Anteil [%]
Stickstoff	N_2	78,08
Sauerstoff	O_2	20,95
Edelgase (hauptsächlich Argon)	Ar u. a.	0,93
Kohlenstoffdioxid	CO	0,04

9.2 Oxide

Grundsätzliches

Früher ging man davon aus, dass eine Oxidation eine **Reaktion eines Stoffes mit Sauerstoff** ist. Heutzutage ist die Definition weiter gefasst (s. S. 50 ff.):

Oxidation ist gleichbedeutend mit der **Abgabe von Elektronen**. Dafür kann, muss aber nicht zwingend Sauer-

stoff aufgenommen werden. Zu einer Oxidation gehört auch immer eine **Reduktion** (Abgabe von Sauerstoff bzw. **Aufnahme von Elektronen**). Die Gesamtheit der Reaktion nennt man **Redoxreaktion**.

In diesem Kapitel wird nur die Oxidation durch Reaktion mit Sauerstoff behandelt, also die Bildung von **Oxiden**. Dabei gibt der oxidierte Stoff Elektronen an den Sauerstoff ab, welcher dadurch reduziert wird.

Es gibt zwei Arten von Oxide: **Nichtmetalloxide** und **Metalloxide**. Während Nichtmetalloxide häufig eine **Molekülstruktur** aufweisen und leicht flüchtig sind, sind Metalloxide **Salze**, also ionische Verbindungen. Die Bildung von Oxiden geschieht sehr häufig durch Reaktion brennbarer Stoffe mit Sauerstoff.

Verbrennung und Nichtmetalloxide

Mit dem Sauerstoff der Luft reagieren viele Stoffe auf unterschiedliche Weise, oft extrem schnell, aber auch langsame Reaktionen sind möglich; mit einer sichtbaren Flamme oder unter Glühen. Da die Reaktion **exotherm** ist, ist eine Wärmeentwicklung zu bemerken. Oft ist diese gerade der Zweck der Verbrennung, z.B. beim Lagerfeuer oder beim Gasherd.

Bei der Verbrennung von fossilen Brennstoffen wie Kohle, Gas oder Öl, die hauptsächlich aus Kohlenstoff und seinen Verbindungen bestehen, entsteht das Oxid **Kohlenstoffdioxid CO_2**. Als Nebenprodukt erhält man oft **Schwefeldioxid SO_2** und **Schwefeltrioxid SO_3**, die mit Wasser sauer reagieren (saurer Regen). Wenn man Mischungen aus Wasserstoff und Luft verbrennt, kommt es – besonders bei Reaktion mit reinem Sauerstoff (**Knall-**

gas) – zu einer gefährlichen, explosionsartigen Reaktion. Es entsteht das Oxid von Wasserstoff: **Wasser H_2O**.

Besonders wichtig: Verbrennung in reinem Sauerstoff

Eine Verbrennung in reinem Sauerstoff läuft sehr viel heftiger ab als mit Luft, die nur etwa 20 % Sauerstoff enthält. In einigen Fällen lassen sich Stoffe mit reinem Sauerstoff verbrennen, die an der Luft kaum oder gar nicht reagieren.

Verbrennungen werden durch Unterbrechung der Sauerstoffzufuhr („Ersticken" der Reaktion durch Feuerlöschmittel, Decken o. ä.) und durch rasche Abkühlung (unterhalb die Zündtemperatur) und Entzug des brennbaren Stoffes gestoppt.

Es gibt Stoffe, die schlecht entzündbar und/oder schlecht brennbar sind. Sie werden z. B. im Hausbau und bei Schutzkleidung eingesetzt. Bis bekannt wurde, dass der feuerfeste **Asbest** krebserregend ist, war dies ein typisches **Schutzmaterial**. Als Ersatzstoffe dienen heutzutage z. B. Mineralwollen und Keramikfasern.

Wichtig: Nicht jede Löschmethode ist für jeden Brand geeignet, z. B. darf Wasser nicht bei brennendem Fett eingesetzt werden!

Metalloxide

Metalle erscheinen reaktionsträge. Sehr viele reagieren aber mit Sauerstoff, es entstehen Metalloxide.

Langsames Oxidieren an der Luft

Viele Metalle oxidieren an ihrer Oberfläche zu den entsprechenden **Metalloxiden**, z.B. Aluminium. Bei rostigem Eisen oxidiert nicht nur die Oberfläche, sondern mit der Zeit der komplette Gegenstand. Edelmetalle wie Gold und Platin zeigen dieses Verhalten an der Luft nicht.

Hinweis: Bei angelaufenem Silber handelt es sich nicht um Silberoxid Ag_2O, sondern um eine dünne Schicht Silbersulfid Ag_2S, welches durch Reaktion von Silber mit Schwefel oder schwefelhaltigen Verbindungen entsteht.

Verbrennung von Metallen

Einige Metalle wie Magnesium und Eisen lassen sich verbrennen. Die Reaktion ist **exotherm**, allerdings je nach Metall mit unterschiedlicher Heftigkeit, es wird also eine unterschiedliche Menge Energie frei. Es entsteht das entsprechende **Metalloxid**, ein **Salz**, welches spröde ist und eine hohe Schmelztemperatur aufweist. Dabei kommt es nicht nur auf die Art des Metalls an, sondern auch auf seine Oberfläche: Je größer die Oberfläche (**Zerteilungsgrad**) und damit die Anzahl der Kontaktflächen ist, desto höher ist die Wahrscheinlichkeit, dass der Stoff brennt.

Beispiel:

Ein Magnesiumband wird in die Flamme eines Brenners gehalten und verbrennt mit grellweißer Flamme. Zurück bleibt ein weißer, pulvriger Feststoff.

$$2\,Mg + O_2 \longrightarrow 2\,MgO$$

Magnesium wurde zu **Magnesiumoxid oxidiert**. Sowohl die enger als auch die weiter gefasste Definition für eine Oxidation lassen sich nachvollziehen:

Sauerstoff wurde vom Magnesium aufgenommen und es bildete sich ein Metalloxid. Außerdem wurden vom elementaren Edukt Magnesium zwei Elektronen abgegeben, denn Magnesiumoxid ist eine **Ionenverbindung**, $Mg^{2+}O^{2-}$.

Beispiel:
Bei Kontakt mit Feuer überzieht sich ein Eisennagel nur mit einer dunklen Schicht Eisenoxid, während man Eisenwolle entzünden kann und sie vollständig zu Eisenoxid verglüht (in reinem Sauerstoff brennt die Eisenwolle unter starker Funkenbildung ab). Hier macht die unterschiedlich große **Oberfläche** den entscheidenden Unterschied aus, ob eine vollständige Verbrennung stattfindet.

Beispiel:
Das Halbedelmetall Kupferpulver lässt sich nicht an Luft entzünden, während es in reinem Sauerstoff unter Aufglühen reagiert. Bis auf **Edelmetalle** wie Gold und Platin lassen sich alle Metalle mit Sauerstoff zu Metalloxiden umwandeln; Silber nur unter erhöhtem Druck.

Reduktion von Metalloxiden zu Metallen

Metalloxide können durch hohe Temperaturen in einer **endothermen** Reaktion in ihre Ausgangstoffe Metall und Sauerstoff zerlegt werden. Die Metalloxidbildung ist also **umkehrbar**. Je mehr Energie bei der Bildung des Metalloxids frei wurde, desto mehr Energie muss für seine Zerlegung zugeführt werden.

Auch durch Reaktionen mit anderen Stoffen, z.B. mit Wasserstoff, lassen sich Metalloxide zu Metallen reduzieren, gleichzeitig wird das Reduktionsmittel oxidiert:

$$MgO + H_2 \longrightarrow Mg + H_2O$$

Reaktionen von Oxiden

Je nach Oxid entstehen bei ihrer Umsetzung mit Wasser saure oder alkalische Lösungen. So reagieren **Nichtmetalloxide** mit Wasser zu Säuren, z.B. Kohlenstoffdioxid zu Kohlensäure:

$$CO_2 + H_2O \longrightarrow H_2CO_3$$

Im Gegensatz dazu reagieren die **Oxide unedler Metalle** mit Wasser alkalisch. Calciumoxid CaO ergibt mit Wasser basisches, stark ätzendes Calciumhydroxid $Ca(OH)_2$:

$$CaO + H_2O \longrightarrow Ca(OH)_2$$

Es gibt auch Oxide, die zu **amphoteren Lösungen** reagieren – diese können sich sowohl basisch als auch sauer verhalten.

Lehrer-Tipp: Oxide in der Wüste

„Einer der häufigsten Stoffe auf der Erde ist ebenfalls ein Oxid: Der Hauptbestandteil von Sand ist Siliziumdioxid SiO_2. Diese als Quarz bekannte Verbindung ist wichtiger Ausgangstoff in der chemischen Industrie, denn sie ist der Hauptbestandteil der meisten Gläser – von Fensterglas bis hin zu Trinkgläsern. Aber selbst in Zahnpasta sind feine Quarzkörnchen als Putzteilchen vorhanden."

Christine Vogel, Gymnasiallehrerin in Köln

10 Kohlenstoffoxide, Kohlensäure, Carbonate

QUICK-FINDER

10.1 Kohlenstoffdioxid

Eigenschaften

Kohlenstoffdioxid CO_2, oft auch als Kohlendioxid bezeichnet, ist neben Kohlenstoffmonooxid CO ein Oxid des Kohlenstoffs. Es sind anorganische Kohlenstoffverbindungen.

Physikalische Eigenschaften

- Kohlenstoffdioxid ist bei Raumtemperatur und Normaldrucke ein **Gas**, das **farblos** und **geruchlos** ist. Es ist in geringeren Konzentrationen **ungiftig**, kann aber bei höheren Konzentrationen zu tödlichen **Erstickungen** führen.
- Die **Dichte** beträgt $1{,}98\frac{g}{l}$. Damit ist CO_2 ungefähr 1,5-mal schwerer als Luft. Es setzt sich deshalb am Boden von Räumen und Gefäßen ab und lässt sich wie eine Flüssigkeit umschütten.
- Kohlenstoffdioxid ist **nicht brennbar**.

Molekülaufbau

Die Moleküle des Kohlenstoffdioxids bestehen aus zwei Sauerstoffatomen mit jeweils zwei nicht bindenden Elektronenpaaren und einem Kohlenstoffatom, welches durch **Doppelbindungen** an die Sauerstoffatome gebunden ist. Der gemittelte **Abstand** zwischen Kohlenstoffatom und Sauerstoffatom beträgt 116,3 pm und ist damit kürzer als bei einer C–O-Einfachbindung (etwa 129 pm).

Zwar handelt es sich aufgrund der unterschiedlichen Elektronegativität von Sauerstoff und Kohlenstoff um **polare Atombindungen**, aber aufgrund der **linearen, symmetrischen** Molekülstruktur ist z.B. im Gegensatz

zum Wassermolekül **kein elektrisches Dipolmoment** vorhanden.

$$\langle O=C=O \rangle$$

116,3 pm

Chemische Eigenschaften und Reaktionen

- Kohlenstoffdioxid ist recht gut wasserlöslich; durch Reaktion mit Wasser entsteht **Kohlensäure**. Damit ist Kohlenstoffdioxid das **Anhydrid** der Kohlensäure:

  $$CO_2 + H_2O \longrightarrow H_2CO_3$$

  Die **Löslichkeit** steigt mit zunehmendem Druck und abnehmender Temperatur. Die Salze der Kohlensäure heißen Carbonate (Ion: CO_3^{2-}) und Hydrogencarbonate (Anion: HCO_3^-).

- Zum **Nachweis** von Kohlenstoffdioxid wird die sogenannte **Kalkwasserprobe** verwendet. Bei Einleitung von Kohlenstoffdioxid in Kalkwasser (wässrige Calciumhydroxidlösung) entsteht eine **weiße Trübung**. Ursache ist die Reaktion von Kohlenstoffdioxid mit Calciumhydroxid zu Calciumcarbonat (Kalk), welches in der Lösung ausfällt. Die Reaktionsgleichung lautet:

  $$CO_2 + Ca(OH)_2 \longrightarrow H_2O + CaCO_3 \downarrow$$

  Leitet man weiterhin Kohlenstoffdioxid in diese Lösung ein, klart sie durch die Bildung von hydratisierten Calcium- und Hydrogencarbonationen wieder auf:

  $$CaCO_3 + CO_2 + H_2O \longrightarrow Ca(HCO_3)_2$$

Entstehung

Kohlenstoffdioxid entsteht bei der **Verbrennung** organischer (kohlenstoffhaltiger) Verbindungen, z.B. von Holz und fossilen Brennstoffen wie Gas, Öl und Kohle. In der Natur strömt es aus Erdspalten und wird bei **Vulkanausbrüchen** freigesetzt. Dadurch gelangt es auch auf natürlichem Wege in Mineralwässer. Auch bei **biologischen Prozessen** (Atmung, Gärung, Zersetzung) wird u.a. Kohlenstoffdioxid produziert.

Besonders wichtig: Kohlendioxid und Zimmerbrand

Bei Bränden entsteht fast immer Kohlendioxid. Dieses Gas ist schwerer als Luft (korrekt: hat eine höhere Dichte als Luft) und reichert sich in geschlossenen Räumen am Boden an. Dort befindliche Personen sind deshalb vom Ersticken bedroht.

Verwendung

- In fester Form wird Kohlendioxid als Kühlmittel verwendet. Es wird als **Trockeneis** bezeichnet, da beim Auftauen im Gegensatz zum Wasser-Eis keine Flüssigkeit entsteht, sondern aufgrund von Sublimation direkt das entsprechende Gas. Bei diesem Vorgang werden der Umgebung große Mengen an Wärme entzogen, weshalb Trockeneis stark kühlend wirkt.
- Aufgrund der Dichte, die höher als die von Luft ist, und der Nichtbrennbarkeit gehört Kohlenstoffdioxid zu einem der meistverwendeten **Feuerlöschmittel**.
- In der chemischen Industrie dient Kohlenstoffdioxid als Edukt zur Produktion von Harnstoff.

Umwelt

Kohlenstoffdioxid ist ein natürlich vorkommendes Gas, das eine wichtige Rolle für das Leben auf der Erde spielt. Allerdings hat sich in den letzten Jahren die Problematik des anthropogenen Treibhauseffektes, der hauptsächlich durch künstlich erzeugtes Kohlenstoffdioxid verursacht wird, verschärft.

Luft

Kohlenstoffdioxid ist mit einem geringen Anteil von 0,04 % ein natürlicher Bestandteil der Atmosphärenluft, während unsere ausgeatmete Luft einen Anteil von 4 bis 5 % Kohlenstoffdioxid enthält. Es ist also ein **Produkt** der menschlichen **Atmung**, wogegen Pflanzen Kohlenstoffdioxid für ihren Stoffwechsel (u.a. **Fotosynthese**) als lebenswichtiges **Edukt** benötigen. Kohlenstoffdioxid kann aus der Luft durch Regenwasser aufgenommen werden, die entstandene Kohlensäure beschleunigt die Korrosion (Abbau) von Gebäuden, Denkmälern und ähnlich exponierten Gegenständen.

Kohlenstoffkreisläufe

Kohlenstoff durchläuft, z.T. als Kohlenstoffdioxid, Carbonat und Hydrogencarbonat, natürliche Kreisläufe in geologischer, biologischer, atmosphärischer und hydrosphärischer Art.

Dabei gibt es Senken, die Kohlenstoff und seine Verbindungen binden. Dazu gehören u.a. Meere und Pflanzen. Letztere benötigen zur **Fotosynthese** Kohlenstoffdioxid. Daraus produzieren sie den für uns lebensnotwendigen Sauerstoff sowie Traubenzucker (Glucose), den sie selber als Ausgangsmaterial für andere Kohlenstoffverbindun-

gen wie Stärke und Cellulose einsetzen. Durch diese Umwandlung in Biomasse ist Kohlenstoff in Pflanzen und Tieren, denen sie als Nahrung dienten, und nach ihrer Verrottung in fossilen Brennstoffen gespeichert.

Zersetzt sich organische Substanz oder verbrennt man sie, so dienen diese Vorgänge als **Quellen** von freien Kohlenstoffverbindungen wie Kohlenstoffdioxid.

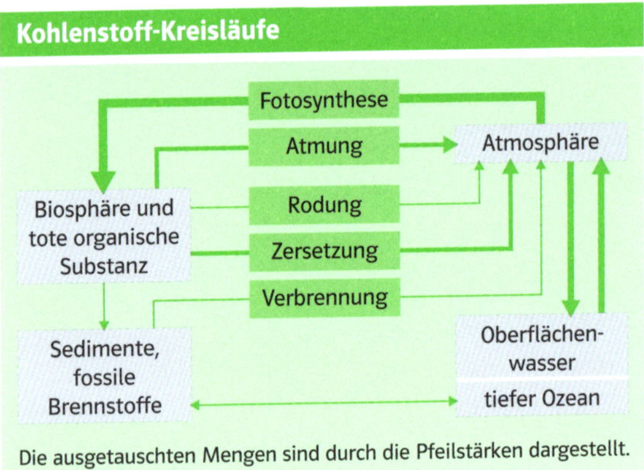

Die ausgetauschten Mengen sind durch die Pfeilstärken dargestellt.

Treibhauseffekt

Gase wie Kohlenstoffdioxid, Wasserdampf und Methan verursachen in der Erdatmosphäre einen **natürlichen Treibhauseffekt**: Ein Teil der Wärmestrahlung der Sonne wird wie in einem Treibhaus absorbiert und dadurch „aufgehalten“. Ohne diese verzögerte Abgabe der Wärme in den Weltraum wäre das Leben auf der Erde sehr schwierig: Anstelle von durchschnittlichen 15 °C läge die Temperatur auf der Erde bei − 18 °C.

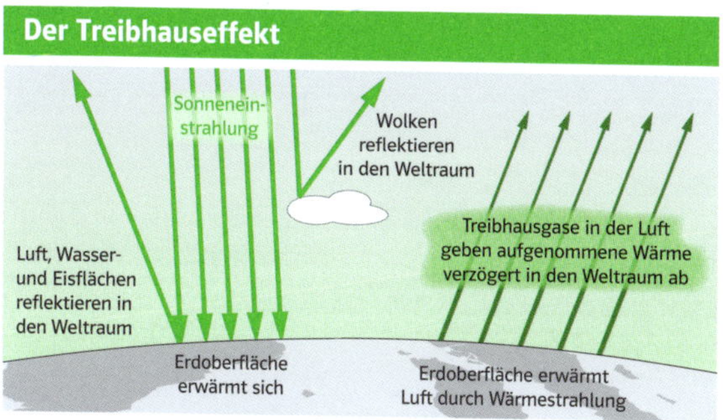

Klimaschwankungen im Lauf der Erdgeschichte sind normal, aber sie vollziehen sich über einen langen Zeitraum. Ursache für die aktuell ungewohnt schnelle Klimaerwärmung ist wahrscheinlich zum großen Teil der **anthropogene (von Menschen verursachte) Treibhauseffekt**. Seit Beginn des Industriezeitalters wird Kohlenstoffdioxid durch Verbrennung von fossilen Brennstoffen in Kraftwerken, Motoren etc. schneller freigesetzt, als seine Einlagerung in diese Brennstoffe dauerte. Dadurch kommt es zu einem **Überschuss** an Kohlenstoffdioxid in der Atmosphäre und einer **Verstärkung** des natürlichen Treibhauseffekts: Die Erdatmosphäre erwärmt sich überproportional schnell. Dies kann u.a. zu einer Erhöhung des Meeresspiegels durch Abschmelzen der Eisberge führen, wodurch Küstenstädte zerstört werden.

Brandrodung der großen Regenwälder führt zweifach zu einer Verschärfung der Situation: Erstens entstehen durch die Brände große Mengen an Kohlenstoffdioxid, zweitens fehlen immer mehr Pflanzen, um der Luft durch Fotosynthese Kohlenstoffdioxid zu entziehen.

Mit weltweiten **Klimaschutzprogrammen** versuchen Länder, den Ausstoß an Kohlenstoffdioxid zu senken, um die globale Erwärmung zu verringern. Allerdings sind Einigungen oft schwierig, es müssen viele Kompromisse gemacht werden.

10.2 Kohlenstoffmonoxid

Eigenschaften

Kohlenstoffmonoxid CO ist neben Kohlenstoffdioxid CO_2 ein Oxid des Kohlenstoffs. Es ist ebenfalls ein **farbloses, geruchloses Gas**. Im Gegensatz zu Kohlenstoffdioxid ist es **brennbar**. Die dabei sichtbare **blaue Flamme** dient als **Nachweis**, als Produkt entsteht Kohlenstoffdioxid. Die **Dichte** ist mit 1,25 $\frac{g}{l}$ ähnlich wie die von Luft $\left(1{,}29\ \frac{g}{l}\right)$.

Bereits in kleineren Konzentrationen ist Kohlenstoffmonoxid **sehr giftig**, schon ein Volumenanteil von 1 % in der Luft kann **tödlich** sein. Wenn es eingeatmet wird, verdrängt Kohlenstoffmonoxid Sauerstoff vom roten Blutfarbstoff Hämoglobin, da es etwa 300-mal stärker an diesen gebunden wird: Die **Sauerstoffversorgung** des Körpers wird unterbrochen, was zum Tode führen kann. Durch sofortige Sauerstoffbeatmung kann dieser Prozess aufgehalten und umgekehrt werden.

Entstehung

Kohlenstoffmonoxid entsteht bei **unvollständiger Verbrennung** von fossilen Brennstoffen durch **unzureichende Luftzufuhr**. Dies war bei Fahrzeugen ohne Katalysator der Fall und ist einer der Gründe, warum Fahrzeugkata-

der Fall und ist einer der Gründe, warum Fahrzeugkatalysatoren entwickelt wurden. Auch im Zigarettenrauch ist Kohlenstoffmonoxid enthalten.

Gezielt kann Kohlenstoffmonoxid erzeugt werden, indem Kohlenstoffdioxid bei hohen Temperaturen (etwa 900 °C) über Kohlenstoff geleitet wird. Wärmezufuhr kennzeichnet man mit **ΔT** (Delta T = Temperaturdifferenz) über dem Reaktionspfeil:

$$CO_2 + C \xrightarrow{\Delta T} 2\,CO$$

Verwendung

Kohlenstoffmonoxid war bis vor etwa 50 Jahren Bestandteil des **Stadtgases**, das bei der Kohlevergasung entstand und mit dem Wohnungen beheizt wurden. Es wurde durch Erdgas ersetzt. Heutzutage verwendet man Kohlenstoffmonoxid zusammen mit Wasserstoff in der chemischen Industrie zur **Synthese** von Verbindungen wie Methanol.

10.3 Kohlensäure, Carbonate und Hydrogencarbonate

Eigenschaften

Kohlensäure H_2CO_3 ist eine **zweiprotonige Säure**, die in Wasser nur gering dissoziiert ist und deshalb zu den **schwachen Säuren** gehört. Kohlensäure bildet zwei Anionen: Carbonationen CO_3^{2-} und Hydrogencarbonationen HCO_3^-. Carbonate und Hydrogencarbonate werden auch als „gebundene Kohlensäure“ bezeichnet, im Gegensatz zur „freien Kohlensäure“, welche gelöstes Kohlendioxid und Kohlensäure umfasst.

Molekülaufbau Kohlensäure

Das Molekül der Kohlensäure ist symmetrisch aufgebaut, es hat eine trigonal planare Form („flaches Dreieck"), der Bindungswinkel beträgt 120°. Jedes Sauerstoffatom weist noch zwei nicht bindende Elektronenpaare auf. Diese müssen nicht zwingend in die Molekülabbildung eingezeichnet werden.

Chemische Eigenschaften und Reaktionen

Carbonate und Hydrogencarbonate reagieren mit **sauren Lösungen**, sie zersetzen sich unter Kohlenstoffdioxidbildung. Das entweichende Gas ist durch ein Aufschäumen deutlich sichtbar, weshalb diese Reaktion als **Nachweis für Carbonate** angewendet wird:

$$CaCO_3 + 2\,HCl \longrightarrow CaCl_2 + H_2O + CO_2 \uparrow$$

Hydrogencarbonate sind **amphoter**: Sie können sowohl als Säure als auch als Base reagieren.

Alkalische Reaktion unter Aufnahme eines Protons:

$$HCO_3^- + H^+ \longrightarrow H_2CO_3$$

Saure Reaktion unter Abgabe eines Protons:

$$HCO_3^- + OH^- \longrightarrow CO_3^{2-} + H_2O$$

Hydrogencarbonate sind **nicht wärmestabil**, sie zerfallen bei mäßiger Erwärmung unter Freisetzung von Kohlenstoffdioxid (z. B. Natriumhydrogencarbonat ab 65 °C).

$$2\ NaHCO_3 \xrightarrow{\Delta T} Na_2CO_3 + H_2O + CO_2 \uparrow$$

Bei **stärkerer Erhitzung** zerfallen auch Carbonate:

$$CaCO_3 \xrightarrow{\Delta T} CaO + CO_2 \uparrow$$

Vorkommen

Kohlensäure ist in **Wässern** enthalten („Säuerlinge"), deren Quellen in Gebieten mit vulkanischen Aktivitäten liegen, wodurch Kohlenstoffdioxid in ihnen gelöst wird. **Regen** ist sauer (pH-Wert etwa 5,5), da die Wassertröpfchen Kohlenstoffdioxid aus der Luft lösen. Der als „saurer Regen" bezeichnete Niederschlag weist einen niedrigeren pH-Wert auf, der durch säurebildende Luftschadstoffe wie Schwefeloxide verursacht wird.

Carbonate und **Hydrogencarbonate** sind zahlreich in der Natur zu finden: Viele Gesteine und damit ganze Gebirgsmassive, z.B. die Kalkalpen, sind aus Carbonaten aufgebaut. **Kalkstein**, Kreidekalk, **Muschelkalk** oder auch Travertin bestehen hauptsächlich aus Calciumcarbonat, **Dolomit** aus dem Doppelsalz Calciummagnesiumcarbonat $MgCa(CO_3)_2$. Reines Calciumcarbonat findet man u.a. als Kalkspat (Calcit); **Marmor** und Tropfstein sind fast reines Calciumcarbonat.

In Salzseen vieler Trockengebiete kommt **Soda** (Natriumcarbonat) und **Natron** (Natriumhydrogencarbonat) vor. Auch einige **Erze** bestehen aus Carbonaten, z.B. aus Eisencarbonat (Eisenspat, $FeCO_3$) oder Zinkcarbonat (Zinkspat, $ZnCO_3$).

Calcium- und Magnesiumhydrogencarbonationen verursachen die **temporäre Härte** (Carbonathärte) **im Wasser**.

Durch Erwärmen (Abkochen) entstehen die entsprechenden schwerlöslichen Carbonate und die Wasserhärte verschwindet. Mit „weichem Wasser“ ist Seife viel aktiver, weshalb man Waschmittel Entkalker hinzufügt. Bei „hartem Wasser“ kann man Kalkablagerungen, z.B. an Wasserhähnen, beobachten.
Die **bleibende (permanente) Härte** von Wasser entsteht durch Sulfate und kann nicht entfernt werden.

Herstellung

In Wasser gelöstes Kohlenstoffdioxid reagiert zu etwa **0,1%** mit Wasser zu **Kohlensäure**; wegen der geringen Umsetzungsrate bezeichnet man die Bildung von Kohlensäuremolekülen als **unvollständig ablaufende Reaktion**.

$$CO_2 + H_2O \longrightarrow H_2CO_3$$

Außerdem ist diese Bildungsreaktion **umkehrbar**, so dass Kohlensäure in Wasser mit der Zeit in ihre Edukte zerfällt. Nur bei völliger Abwesenheit von Wasser ist Kohlensäure stabil.

Die entstandenen Kohlensäuremoleküle reagieren zum Teil mit Wassermolekülen weiter zu Hydrogencarbonat- und Oxoniumionen:

$$H_2CO_3 + H_2O \longrightarrow HCO_3^- + H_3O^+$$

Die Hydrogencarbonationen können ebenfalls mit Wasser reagieren, es entstehen Carbonat- und wiederum Oxoniumionen:

$$HCO_3^- + H_2O \longrightarrow CO_3^{2-} + H_3O^+$$

Leitet man Kohlenstoffdioxid in eine wässrige Natriumhydroxidlösung ein, so entsteht **Natriumcarbonat** Na_2CO_3 (Soda), das man durch Eindampfen als weißen Feststoff erhält. Belässt man das Natriumcarbonat in der Lösung und fügt weiterhin Kohlenstoffdioxid hinzu, fällt **Natriumhydrogencarbonat** (Natron) als weißer, kristalliner Feststoff aus:

$$2\,Na^+ + CO_3^{2-} + CO_2 + H_2O \longrightarrow 2\,NaHCO_3 \downarrow$$

Generell erhält man, wie beim beschriebenen Beispiel, durch Einleiten von Kohlenstoffdioxid in wässrige Hydroxidlösungen die entsprechenden Salze. Bis auf Alkalimetallcarbonate sind Carbonate **schwer wasserlöslich**.

Verwendung

Kohlensäure, Carbonate und Hydrogencarbonate werden breit eingesetzt – von Lebensmitteltechnik über Feuerschutz bis hin zum Bauwesen.

Allgemeine Verwendung

Kohlensäure wird häufig in der **Getränkeindustrie** (Sprudelwasser, Transport der Flüssigkeiten durch Druck zum Zapfhahn, dadurch auch Bierschaum) eingesetzt.

Viele Anwendungen von Carbonaten und Hydrogencarbonaten basieren auf ihrer Reaktion mit Säure unter Entstehung von Kohlenstoffdioxid, z. B. im **Lebensmittelbereich** (Natriumhydrogencarbonat oder Ammoniumhydrogencarbonat in Backpulver). Auch in der Gerätetechnik spielt die Reaktion eine Rolle – bei der Entkalkung mittels saurer Reagenzien.

Natriumhydrogencarbonat findet man als **Feuerlöschmittel** in zwei unterschiedlichen Typen: in Schaumlöschern (Nasslöscher) und in Pulverlöschern (Trockenlöscher). Die Wirkung beruht jeweils auf dem entstehenden Kohlenstoffdioxid, das die Flammen **erstickt**.

Beispiele:

Name	Formel	Verwendung
Natrium-carbonat (Soda)	$Na_2CO_3 \cdot 10\ H_2O$	bei Herstellung von Glas, Waschmitteln, Farbstoffen
Natrium-hydrogen-carbonat (Natron)	$NaHCO_3$	Lebensmittelindustrie (z. B. Bestandteil von Backmitteln und Brausepulver), Bestandteil in Feuerlöschpulver, hautmedizinische Anwendungen
Kaliumcarbonat (Pottasche)	K_2CO_3	bei Herstellung von Schmierseifen und Glas
Kaliumhydrogen-carbonat (E 501)	$KHCO_3$	Lebensmittelzusatzstoff (z. B. Backmittel, Säureregulator)
Calciumcarbonat (Kalk)	$CaCO_3$	bei Herstellung von Zement, Branntkalk, Löschkalk, Düngemittel; als Baustoff (z. B. Kalkstein, Marmor)

Kalkkreislauf im Bauwesen

In der **Bautechnik** spielt Calciumcarbonat eine wichtige Rolle. Dabei kommt es zu einem **Kalkkreislauf**:

- Kalk brennen, bei Temperaturen um 1000 °C entsteht sehr stark ätzendes Calciumoxid (**Branntkalk**):

  $$CaCO_3 \xrightarrow{\Delta T} CaO + CO_2 \uparrow$$

- Kalk löschen, unter Wärmeentwicklung und Volumenvergrößerung entsteht das stark ätzende Calciumhydroxid (**Löschkalk**), welches zum Kalken von Wänden und als Bindemittel für Mörtel verwendet wird:

  $$CaO + H_2O \longrightarrow Ca(OH)_2$$

- Kalk abbinden, an der Luft entsteht wieder Calciumcarbonat (**Kalkstein**); aufgrund des geringen Kohlenstoffdioxidanteils in der Luft kann dieser Vorgang sehr lange dauern:

  $$Ca(OH)_2 + CO_2 \longrightarrow CaCO_3 + H_2O$$

Idealerweise gibt man zum Löschkalk Sand (die Mischung bezeichnet man als **Kalkmörtel**), welcher die Druckfestigkeit beim und nach dem Abbinden erhöht und die Kosten senkt.

Lehrer-Tipp: Energiebilanz

„Die Nutzung erneuerbarer Energien (z.B. Wind, Wasser, Sonnenstrahlung) ist prinzipiell eine hervorragende Möglichkeit, um die Produktion von Kohlenstoffdioxid und damit den Treibhauseffekt zu reduzieren. Außerdem sind fossile Energieträger nicht unendlich vorrätig, sie werden in absehbarer Zeit verbraucht sein. Trotzdem ist nicht jede Errichtung von Anlagen zur Nutzung erneuerbarer Energien sinnvoll und muss wohlüberlegt sein; dazu stellt man eine Energiebilanz auf. Wenn z.B. während der Laufzeit der Anlagen zu wenig Wind weht oder zu wenig Sonne scheint, dann wurde eventuell mehr Energie für die Herstellung dieser Anlagen aufgewendet, als man durch sie erhält.“

Georg Ries, Gymnasiallehrer in Berlin

11 Kohlenwasserstoffe

QUICK-FINDER

11.1 Kohlenwasserstoffe allgemein

Grundsätzliches

Als **Kohlenwasserstoffe** bezeichnet man Verbindungen, die nur aus **Kohlenstoff** und **Wasserstoff** aufgebaut sind. Dabei können die Kohlenstoffe über Einfachbindungen, Doppelbindungen oder Dreifachbindungen miteinander verbunden sein. Die einfachsten Kohlenwasserstoffe sind Methan CH_4 und Ethan C_2H_6.

Methan und Ethan in zweidimensionaler Darstellung

```
    H              H   H
    |              |   |
H — C — H      H — C — C — H
    |              |   |
    H              H   H
```

Organische Chemie

Kohlenwasserstoffe werden der **organischen Chemie** zugeordnet, welche auch als **Chemie des Kohlenstoffs** bezeichnet wird. Bis auf wenige **Ausnahmen** wie Kohlenstoffoxide, Kohlensäure oder Carbonate ordnet man alle Kohlenstoffverbindungen – von denen es mehr gibt als von allen anderen Elementen zusammen – der organischen Chemie zu, z.B. Alkohole und Carbonsäuren (s. S. 134). Diese basieren auf den Kohlenwasserstoffen, enthalten aber weitere Elemente: am häufigsten Sauerstoff, seltener auch Stickstoff und Schwefel.

Benennung

Die Benennung der Kohlenwasserstoffe ist streng geregelt: Aus der **Anzahl der Kohlenstoffatome** in der längsten Kette von aneinandergereihten Kohlenstoffatomen (s. S. 127) leitet man den ersten Teil des Namens ab, z.B.

„Meth“ für ein, „Eth“ für zwei und „Prop“ für drei Kohlenstoffatome. Je nach **Art der C–C-Bindungen** erhalten die Kohlenwasserstoffe dann eine unterschiedliche Endung:

- **-an** bei Einfachbindungen,
- **-en** bei Doppelbindungen,
- **-in** bei Dreifachbindungen.

Beispiel:
Ein Kohlenwasserstoff mit zwei Kohlenstoffatomen kann ein Ethan (bei Einfachbindung), Ethen (bei Doppelbindung) oder Ethin (bei Dreifachbindung) sein.

Ethan C_2H_6: H_3C-CH_3

Ethen C_2H_4: $H_2C=CH_2$

Ethin C_2H_2: $HC\equiv CH$

Eigenschaften

Der **Aggregatzustand** wird durch die Anzahl der Kohlenstoffatome bestimmt. Kohlenwasserstoffe mit einer geringen Anzahl an Kohlenstoffatomen sind gasförmig, mit einer mittleren Anzahl flüssig und mit einer höheren Anzahl fest.

Kohlenwasserstoffe sind aufgrund des geringen Unterschieds in der Elektronegativität von Kohlenstoff (2,5) und Wasserstoff (2,1) so gut wie **unpolar**. Deshalb mischen sie sich nur in Spuren mit Wasser und anderen polaren Flüssigkeiten. Solche Stoffe nennt man **hydrophob** – im Gegensatz zu **hydrophilen** Stoffen, welche sich gut mit Wasser mischen lassen. Ineinander sind die Kohlenwasserstoffe löslich.

Wichtig: Je ähnlicher die Polarität von zwei Stoffen ist, desto besser ist ihre Löslichkeit ineinander.

Molekülstruktur

Hier geht's zum passenden Lern-Video.

Der C–H- bzw. C–C-**Winkel** und damit die räumliche Struktur ist abhängig von der Art der Bindung, also von der Abstoßung der Elektronenpaare (**Elektronenpaar-Abstoßungsmodell**, s. S. 57 f.).

Beispiele:

Bindung	**Beispiel**	**Winkel**	**Struktur**
Einfachbindung	Ethan C_2H_6	109,5°	tetraedrisch
Doppelbindung	Ethen C_2H_4	≈ 120°	trigonal planar
Dreifachbindung	Ethin C_2H_2	180°	linear gestreckt

Um die räumliche Struktur abzubilden, kann man z. B. Methan auch mit den entsprechenden symbolischen Bindungen (Keilstriche) zeichnen:

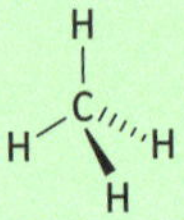

11.2 Alkane

Eigenschaften

Als Alkane bezeichnet man Kohlenwasserstoffe, die nur **Einfachbindungen** aufweisen. Solche Verbindungen nennt man auch **gesättigte** Kohlenwasserstoffe. Kurzkettigere Kohlenwasserstoffe bezeichnet man auch als **leichte Kohlenwasserstoffe** – im Gegensatz zu **schweren** (= langkettigen) Kohlenwasserstoffen. **Methan** CH_4 ist ein farb- und geruchloses, brennbares Gas. Da es mit Sauerstoff hochexplosive Gemische bildet, kommt es bei unerkanntem Ausströmen von Methan immer wieder zu gefährlichen Explosionen. Um ungewolltes Ausströmen zu entdecken, werden Erdgas stark riechende Substanzen beigemischt. Methan ist neben Kohlenstoffdioxid und Wasser ein **Treibhausgas**.

Homologe Reihe, Namen und Summenformel

Alle Kohlenwasserstoffe bilden eine **homologe Reihe**: Jedes Glied der Reihe weist einen identischen **Baustein** mehr auf als das vorhergehende Molekül. Im Fall der Alkane ist dieser Baustein eine CH_2-Gruppe. Deshalb setzen sich Alkane nach der allgemeine Summenformel (Molekülformel) C_nH_{2n+2} zusammen.

Aggregatzustand

Die Siedetemperaturen der Alkane steigen mit der Anzahl der Kohlenstoffatome. Die vier kurzkettigsten Alkane liegen bei Normaldruck und Raumtemperatur gasförmig vor. Pentan ist das kleinste Alkan, das flüssig ist. Ab Heptadecan $C_{17}H_{36}$ (Schmelzpunkt 22 °C) sind Alkane fest.

Beispiele:

Name	Summenformel	Aggregatzustand
Methan	CH_4	gasförmig
Ethan	C_2H_6	gasförmig
Propan	C_3H_8	gasförmig
Butan	C_4H_{10}	gasförmig
Pentan	C_5H_{12}	flüssig
Hexan	C_6H_{14}	flüssig
Heptan	C_7H_{16}	flüssig
Oktan	C_8H_{18}	flüssig
Nonan	C_9H_{20}	flüssig
Decan	$C_{10}H_{22}$	flüssig
Undecan	$C_{11}H_{24}$	flüssig
Dodecan	$C_{12}H_{26}$	flüssig

Besonders wichtig: Van-der-Waals-Kräfte

Mit wachsender Kettenlänge nehmen die Anziehungskräfte zwischen den Alkanmolekülen zu. Grund dafür sind die **Van-der-Waals-Kräfte**. Diese **schwachen Anziehungskräfte** resultieren aus **induzierten Dipolen** in den Molekülen. Zwar sind Alkane keine Dipolmoleküle, aber die Elektronen im Molekül sind nicht immer vollkommen symmetrisch verteilt. Dadurch entstehen für eine kurze Zeit Dipole, welche auf die Elektronenhülle benachbarter Moleküle Anziehungs- oder Abstoßungskräfte ausüben, wodurch diese ebenfalls kurzzeitig polarisiert werden. Van-der-Waals-Kräfte kommen nicht nur bei Alkanen vor.

Viskosität

Das Maß für die Fließfähigkeit einer Flüssigkeit, ihre Zähigkeit, nennt man **Viskosität**. Mit **wachsender Kettenlänge** werden flüssige Alkane **dickflüssiger**, ihre Viskosität **steigt**. Grund sind die bei längerkettigen Verbindungen höheren Anziehungskräfte als bei kürzerkettigen, die das Aneinandervorbeifließen der einzelnen Moleküle erschweren. Die Viskosität ist stark temperaturabhängig, mit steigender Temperatur nimmt sie ab.

Strukturisomerie

Strukturisomere sind Verbindungen, die die gleiche Summenformel, aber eine unterschiedliche Strukturformel aufweisen.

Verzweigungen in der Kette

Die Kohlenstoffatome der Kohlenwasserstoffe müssen nicht zwangsläufig in einer einzelnen Kette angeordnet sein, es können auch Verzweigungen vorkommen. Es ist möglich, dass die Summenformel von solch einem verzweigten Molekül identisch ist mit einem anderen Molekül, das eine andere Struktur aufweist.

Moleküle mit gleicher Summenformel, aber unterschiedlichen Strukturformeln nennt man **Strukturisomere**.

Mit zunehmender Anzahl der Kohlenstoffatome erhöht sich die **Anzahl der möglichen Strukturisomere** deutlich: Beim Butan gibt es zwei unterschiedliche Strukturformeln, beim Pentan drei, beim Hexan fünf, beim Heptan bereits neun. Jedes der Strukturisomere hat **unterschiedliche physikalische Eigenschaften**. Deshalb können Verbindungen mit der gleichen Summenformel z.B. unterschiedliche Schmelz- und Siedepunkte aufweisen.

Beispiel:
Vom Kohlenwasserstoff Butan C_4H_{10} lassen sich zwei unterschiedliche Strukturformeln schreiben. Ihre Siedepunkte unterscheiden sich um 11 °C:

```
    H   H   H   H          H   H   H
    |   |   |   |          |   |   |
H — C — C — C — C — H  H — C — C — C — H
    |   |   |   |          |   |   |
    H   H   H   H          H   C   H
                             / | \
                            H  H  H
```


Benennung

```
                CH3
                |
H3C — CH2 — C — CH — CH2 — CH2 — CH3
  1     2   3|  4|    5     6     7
            CH3 CH2
                |
                CH3
```

1. **Längste Kette der Kohlenstoffketten** ermitteln und benennen. Aus der Zahl der Kohlenstoffatome ergibt sich der Name der Hauptkette.
2. **Seitenketten** benennen und alphabetisch ordnen. Seitenketten erhalten ebenfalls ihren Namen nach der Zahl der Kohlenstoffatome. Anstelle der Endung „an“ erhalten die Seitenketten die Endung „yl“. Der Name der Seitenkette wird dem Namen der Hauptkette vorangestellt.
3. **Anzahl der gleichen Seitenketten** ermitteln und durch das entsprechende griechische Zahlwort (di-, tri-, tetra-, …) kennzeichnen.
4. **Verknüpfungsstellen zwischen Haupt- und Seitenketten** ermitteln, dabei Hauptkette so durchnummerieren, dass die Verknüpfungsstellen kleinstmögliche Zahlen enthalten.

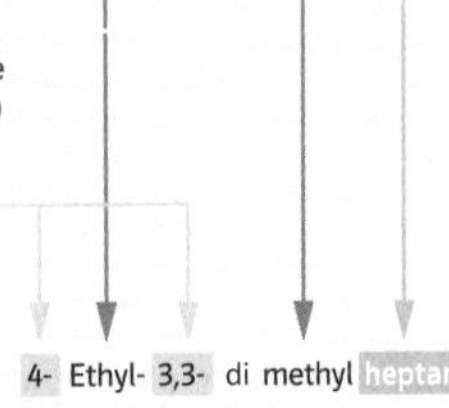

Um Strukturisomere voneinander unterscheiden zu können, erhält der verzweigte Kohlenwasserstoff **„Iso“** vor seinem Namen. Dem Namen des unverzweigten Kohlenwasserstoffs setzt man häufig ein **„n-“** davor (von „normal“). Beim obigen Beispiel handelt es sich also um **n-Butan** (unverzweigt) und **Isobutan** (verzweigt).

Da diese Unterscheidungsmöglichkeit bei einer größeren Anzahl von Strukturisomeren nicht mehr möglich ist, ist die Angabe der Strukturformel für viele Strukturisomere nötig. Dabei basiert der Name des Kohlenwasserstoffs auf der längsten unverzweigten Kohlenstoffatomkette (s. Abb. auf S. 127).

Halbstrukturformeln

Um bei Molekülen mit einer größeren Anzahl an Atomen diese nicht alle einzeln in die Strukturformel einzeichnen zu müssen, kann man Formelteile je nach Bedarf zusammenfassen. Dabei muss die Art der Atomverknüpfungen erkennbar bleiben. Die für die jeweilige Betrachtung wichtigen Elemente, z. B. Verzweigungsstellen, werden weiterhin ausgeschrieben.

Das vorhin benannte 4-Ethyl-3,3-dimethylheptan lässt sich in einer kürzeren Strukturformel so schreiben:

$$
\begin{array}{ccccccc}
 & & CH_3 & & & & \\
 & & | & & & & \\
C_2H_5 & - & C & - & CH & - & C_3H_7 \\
 & & | & & | & & \\
 & & CH_3 & & C_2H_5 & &
\end{array}
$$

Verwendung

In **Raffinerien** wird **Erdöl**, das hauptsächlich eine Mischung aus vielen Kohlenwasserstoffen ist, durch Destillation in seine Bestandteile aufgespalten. So nutzt man **Motorenbenzin** (Mischung leichter Kohlenwasserstoffe), Kerosin und andere Treibstoffe, die alle aus Erdöl gewonnen werden, zum Antrieb von Fahrzeugen. Bei der Verbrennung entsteht hauptsächlich Kohlenstoffdioxid. Erdöl ist momentan der wichtigste **Rohstoff** der chemischen Industrie. Es gibt etwa 300 Grundchemikalien, von denen aktuell etwa 90 % aus Erdöl gewonnen werden.

Methan ist Hauptbestandteil von **Erdgas** und entsteht bei bakterieller Zersetzung organischer Stoffe (Gewinnung von **Biogas**). Erdgas gehört wie Erdöl und Kohle zu den **fossilen Brennstoffen** und ist einer der wichtigsten **Energieträger**.

Paraffin ist ein Gemisch aus Alkanen, deren Kettenlänge zwischen 18 und 32 Kohlenstoffatomen liegt. Es dient als Ausgangsstoff für viele unterschiedliche Anwendungen, z. B. als Wachs für Kerzen und zum Tränken von Streichhölzern, als Brennmaterial für Öllampen oder als Inhaltsstoff von Lack- und Kosmetikartikeln.

11.3 Weitere Kohlenwasserstoffe

Mehrfachbindung: Alkene und Alkine

Alkene sind Kohlenwasserstoffe mit einer oder mehreren **Doppelbindungen**, **Alkine** sind Kohlenwasserstoffe mit einer oder mehreren **Dreifachbindungen**. Sie werden unter dem Namen **ungesättigte** Kohlenwasserstoffe zusammengefasst.

Homologe Reihe, Namen und Summenformel

Alkene und Alkine bilden wie die Alkane **homologe Reihen**. Die Namen sind ähnlich wie die der Alkane, wobei die Endung -an durch -en bzw. -in ersetzt wird. Manche Verbindungen wurden Trivialnamen – alltäglich gebräuchliche Namen – gegeben, wie **Ethylen** für Ethen, **Propylen** für Propen und **Acetylen** für Ethin.

Die Benennung ungesättigter Kohlenwasserstoffe

$CH_3{-}CH_2{-}CH{=}CH_2$

1-Buten
(But-1-en)

$CH_3{-}CH{=}CH{-}CH_3$

2-Buten
(But-2-en)

$H{-}\overset{1}{C}{\equiv}C{-}CH_2{-}CH_3$

1-Butin
(But-1-in)

Die Position der Mehrfachbindung erhält die kleinstmögliche Zahl.

Die **Summenformel** der Alkene ist C_nH_{2n}, die der Alkine C_nH_{2n-2}. Sie haben aufgrund der Mehrfachbindungen weniger Wasserstoffatome im Molekül als die Alkane.

Reaktionsfähigkeit

Aufgrund ihrer Mehrfachbindungen sind Alkene und Alkine recht reaktiv, da sie andere Atome bzw. Atomgruppen darüber binden können (es stehen pro Mehrfachbindung bei Alkenen zwei und bei Alkinen vier weitere Elektronen für eine Reaktion zur Verfügung). Als Beispiel dient die Reaktion von Ethen C_2H_4 mit Brom Br_2:

```
H       H                          |Br| H
 \     /                             |   |
  C = C      +   |Br — Br|   →    H — C — C — H
 /     \                             |   |
H       H                            H  |Br|
```

Ethen	Brom	1,2-Dibromethan

Wichtig: Das bei Normaldruck und Raumtemperatur gasförmige **Ethen**, das kurzkettigste Alken, ist einer der bedeutendsten Ausgangstoffe für die chemische Industrie. So wird z.B. der Kunststoff Polyethylen (PE) aus Ethen hergestellt.

Ethin ist vor allem für seine Anwendung als Gas in **Schneidbrennern** bekannt. Dort wird es zusammen mit Sauerstoff verbrannt, wobei Temperaturen bis 3000 °C erreicht werden können. Reines Ethin muss unter besonderen Bedingungen aufbewahrt werden, da es explosionsartig zerfallen kann.

Durch Reaktion mit Wasserstoff H_2 **(Hydrierung)** entsteht aus einem Alken das entsprechende Alkan. Umgekehrt ergibt sich durch Abspaltung von Wasserstoffatomen **(Dehydrierung)** aus einem Alkan das entsprechende Alken als Produkt.

Ringförmige Kohlenwasserstoffe

Kohlenwasserstoffe müssen nicht als offene Kette vorliegen, sie existieren auch in geschlossener Molekülform. Die Anzahl der Kohlenstoffatome unter- und überschreitet aufgrund der Winkel nicht eine gewisse Anzahl.

Cyclische Alkane

Die Summenformel der ringförmigen Alkane ist aufgrund der fehlenden Enden – und damit zwei Wasserstoffatomen weniger – C_nH_{2n}. Die Eigenschaften sind ähnlich denen des entsprechenden Alkans. Cyclohexan C_6H_{12}, eine hydrophobe, farblose Flüssigkeit, ist das bekannteste Cycloalkan. Da auch hier Tetraeder-Strukturen vorliegen, ist der Ring nicht eben, sondern gewinkelt.

Cyclohexan in vollständiger Strukturformel und Halbstrukturformel

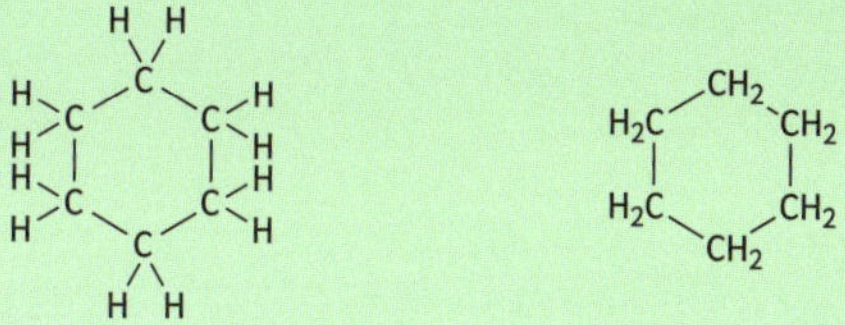

Aromaten

Eine besondere Art von Kohlenwasserstoffen sind die aromatischen Kohlenwasserstoffe, Summenformel C_nH_n. Ihr Name rührt von ihrem häufig angenehmen Geruch her Der bekannteste Vertreter ist das **Benzen** C_6H_6 (Trivialname Benzol).

Aromaten zeichnen sich durch eine besondere Bindung der Kohlenstoffatome untereinander aus: Obwohl es in der folgenden Abbildung so aussieht, handelt es sich nicht um abwechselnde Einfach- und Doppelbindungen. Stattdessen ist jedes Kohlenstoffatom mit je zwei anderen Kohlenstoffatomen sowie einem Wasserstoffatom verbunden. Die verbleibenden sechs Elektronen sind nicht zuordenbar, sondern über den ganzen Ring

verteilt **(delokalisiert)**. Dies deutet man in einer anderen Schreibweise mit einem Ring in der Mitte an. Die lokalisierten Wasserstoffatome kann, muss man aber nicht in die Formel schreiben.

Benzen in unterschiedlichen gebräuchlichen Schreibweisen

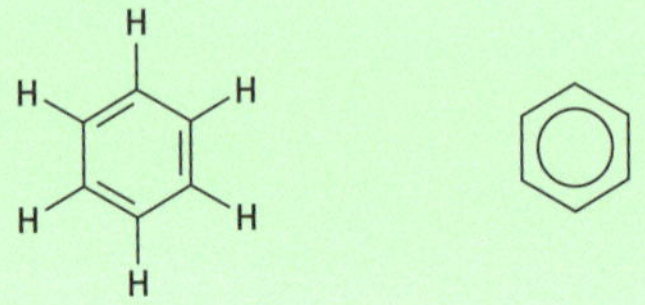

H H H H H H

Lehrer-Tipp: Namen in den homologen Reihen

„Ums Auswendiglernen kommt man bei den ersten vier Verbindungen jeder homologen Reihe nicht herum. Ab Pentan orientierte man sich an den griechischen Namen für die Anzahl der Kohlenstoffatome (z. B. pente = fünf), so dass man sich gut an etablierten Wörtern orientieren kann (z. B. Pentagon, Sextett, Oktave, Dekade)."

Georg Ries, Gymnasiallehrer in Berlin

12 Alkohole, Carbonsäuren, Polymere

QUICK-FINDER

12.1 Alkohole

Funktionelle Gruppe

Als funktionelle Gruppe bezeichnet man den Teil eines Moleküls, der charakteristisch für seine Zuordnung zu einer chemischen Stoffklasse und für deren typische Eigenschaften verantwortlich ist.

Die funktionelle Gruppe bei Alkoholen ist die **OH**-Gruppe, die an ein Kohlenstoffatom gebunden sein muss, von dem nur Einfachbindungen ausgehen. Mindestens eine dieser als **Hydroxylgruppe** bezeichneten Struktur muss im Molekül vorhanden sein. Durch die Namensendung **„-ol"** wird dies deutlich gemacht. Der alkanähnliche Rest heißt Alkylgruppe oder **Alkylrest**.

Methanol in ausführlicher Strukturformel,
***n*-Propanol in Halbstrukturformel**

$$\begin{array}{ccccc} & & H & & \\ & & | & & \\ H & - & C & - & \underline{\overline{O}} - H \\ & & | & & \\ & & H & & \end{array} \qquad H_3C-CH_2-CH_2-OH$$

Eigenschaften

Alkohole ähneln im Aufbau den Kohlenwasserstoffen, allerdings kommt neben Kohlenstoff und Wasserstoff auch noch Sauerstoff als Element vor.

Alkanole: Homologe Reihe, Namen, Summenformel

Wenn in einem Alkan formal ein Wasserstoffatom durch eine OH-Gruppe ersetzt wird, erhält man ein **Alkanol**. Alkanole sind eine Untergruppe der Alkohole – jedes Alka-

nol ist ein Alkohol, aber nicht jeder Alkohol ein Alkanol. Wie Kohlenwasserstoffe, so bilden auch Alkanole eine **homologe Reihe**. Dabei wird der Alkylrest um jeweils eine CH_2-Gruppe erweitert. Die für sie charakteristische Namensendung ist „-ol", z.B. Methanol, Ethanol, Propanol. Die allgemeine Summenformel lautet $C_nH_{2n+1}OH$.

Alkanole: Einfluss der Kettenlänge

Die Hydroxylgruppe ist **polar**, während der Alkylrest **unpolar** ist. Diese Molekülstruktur hat direkten Einfluss auf die Eigenschaften.

- **Siedetemperatur**: Kurzkettige Alkanole sieden wegen der durch die Hydroxylgruppe ausgebildeten Wasserstoffbrücken bei deutlich höheren Temperaturen als die entsprechenden Alkane. Ab der Kettenlänge zwölf (Dodecan-1-ol) sind Alkanole fest.
- **Löslichkeit**: Je kurzkettiger der Alkylrest ist, desto besser ist die Löslichkeit in polaren Lösungsmitteln. In geeigneten Lösungsmitteln, z.B. **Wasser**, bilden sich Wasserstoffbrücken aus. Ab vier Kohlenstoffatomen sinkt die Wasserlöslichkeit, da der unpolare Alkylrest zunehmend an Einfluss gewinnt. In **Benzin** sind alle Alkanole löslich.
- **Viskosität**: Mit zunehmender Kettenlänge wird die Wasserstoffbrückenbindung schwächer und die Van-der-Waals-Kräfte stärker. Dadurch erhöht sich die Viskosität: Je länger der Alkylrest ist, desto zäher ist das Alkanol.

Änderung der Eigenschaften mit Kettenlänge des Alkohols

Name	Schmelz-temperatur in (°C)	Schmelz-temperatur in (°C)	Löslichkeit in Wasser	Löslichkeit in Benzin	Viskosität
Methanol	−98	65	unbegrenzt	unbegrenzt	nimmt zu
Ethanol	−117	78			
Propan-1-ol	−126	97			
Butan-1-ol	−89	117	nimmt zu		
Pentan-1-ol	−79	138			
Hexan-1-ol	−47	157			
Dodecan-1-ol	26	256			
Hexadecan-1-ol	50	344			

Strukturisomere

Wie bei den Kohlenwasserstoffen, so existieren auch bei den Alkanolen Strukturisomere. Ein Beispiel dafür ist die Isomerie von Propanol. Die Hydroxylgruppe kann mit einem der äußeren oder dem mittleren Kohlenstoffatom verbunden sein. Mithilfe der Durchnummerierung der Kohlenstoffatome und dem Einfügen der entsprechenden Zahl in den Namen vermeidet man Unsicherheiten bei der Nomenklatur.

Hinweis: Da es in diesem Fall nur zwei Strukturisomere gibt, kann man anstatt Propan-1-ol auch **n-Propanol** und anstatt Propan-2-ol **Isopropanol** sagen. Bei einer größeren Anzahl von Isomeren ist die Schreibung mit bezifferten C-Atomen aber am übersichtlichsten.

Die zwei Propanol-Strukturisomere

$\overset{}{CH_3}-CH_2-\overset{1}{C}H_2-\overline{\underline{O}}-H$

Propan-1-ol
(1-Propanol)

$\overset{1}{C}H_3-\overset{2}{C}H(-\underline{|O}-H)-\overset{3}{C}H_3$

Propan-2-ol
(2-Propanol)

Unterteilung der Alkohole

Je nachdem, an was für einer Art Kohlenstoffatom die Hydroxylgruppe gebunden ist, spricht man von einem

- **primären Alkohol**: Das Kohlenstoffatom ist nur an Wasserstoff oder an eine Alkylgruppe gebunden.
- **sekundären Alkohol**: Das Kohlenstoffatom ist an zwei Alkylgruppen gebunden.
- **tertiären Alkohol**: Das Kohlenstoffatom ist an drei Alkylgruppen gebunden.

Beispiel: Propan-1-ol ist ein primärer Alkohol, Propan-2-ol ein sekundärer.

Eine weitere Unterteilung ergibt sich aus der **Anzahl der Hydroxylgruppen. Einwertige Alkohole** weisen eine Hydroxylgruppe auf, **zweiwertige** zwei und **dreiwertige** drei. Vor die Endung „-ol" wird bei den mehrwertigen Alkoholen zur eindeutigen Zuordnung ein „di" bzw. „tri" gesetzt, z.B. Butan-2,3-diol.

Ein zweiwertiger und ein dreiwertiger Alkohol

H_2C-CH_2 (je eine OH-Gruppe an beiden C-Atomen: OH OH)

Ethandiol

$H_2C-CH-CH_2$ (je eine OH-Gruppe an allen drei C-Atomen: OH OH OH)

Propantriol

Ethanol

Beim landläufig als **Alkohol** bezeichneten Stoff handelt es sich um **Ethanol**. Die Summenformel lautet C_2H_6O, aber um die funktionelle Gruppe hervorzuheben, schreibt man C_2H_5OH (dies wird bei allen Alkoholen so gehandhabt).

Eigenschaften

Ethanol ist bei Normaldruck und Raumtemperatur eine farblose Flüssigkeit, ab einer bestimmten Menge giftig, leicht flüchtig und brennbar; er verbrennt mit Sauerstoff zu Kohlendioxid und Wasser.

Aufgrund der polaren Hydroxylgruppe und dem unpolaren Ethylrest ist Ethanol sowohl in polarem Wasser als auch in unpolaren Alkanen löslich, also gleichzeitig **hydrophil** („wasserfreundlich") und **lipophil** („fettfreundlich").

Struktur und Löslichkeit von Ethanol

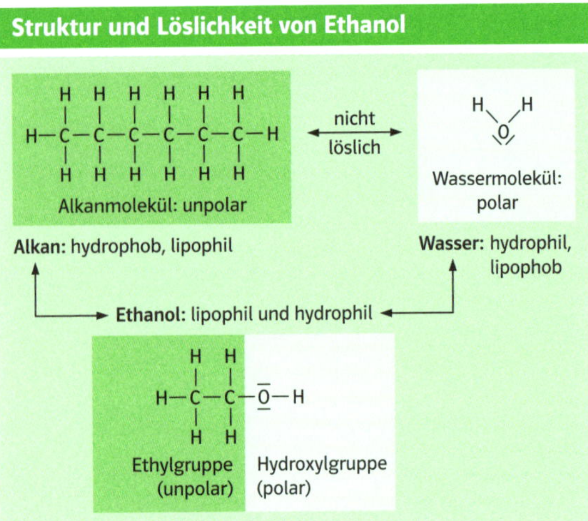

Aufgrund der stark polaren Atombindung zwischen Wasserstoffatom und Sauerstoffatom existieren **Teilladungen** im Ethanolmolekül: eine positive am Wasserstoffatom, eine negative am Sauerstoffatom. Da die Ladungen asymmetrisch verteilt sind, ist Ethanol wie Wasser ein **Dipol**.

Dank der Hydroxylgruppe sind Alkoholmoleküle in der Lage, **Wasserstoffbrücken** auszubilden. Da aber im Gegensatz zu Wasser pro Molekül nur ein Wasserstoffatom von einem benachbarten Sauerstoffatom angezogen werden kann, ist der Zusammenhalt insgesamt schwächer. Dies macht sich beim Ethanol z.B. in der im Vergleich zu Wasser geringeren Siedetemperatur von 78 °C bemerkbar.

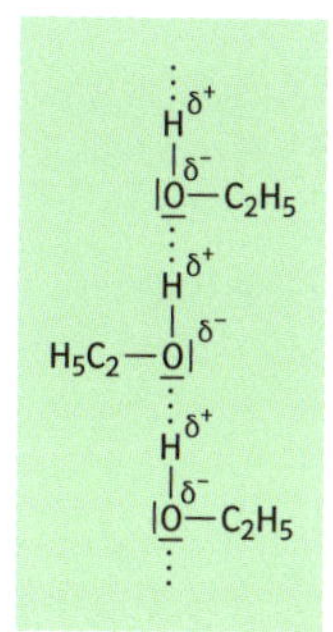

Herstellung

Ethanol entsteht auf natürlichem Wege durch **alkoholische Gärung**: Aus dem Traubenzucker von Pflanzen wird durch Enzyme („Biokatalysatoren“, meist aus Hefepilzen) und Wasser Ethanol und Kohlendioxid produziert. Man vergärt unterschiedliche Pflanzen, z.B. Gerste (für Bier, Whisky), Kartoffeln (für Wodka), Reis (für Reisschnaps) oder Agaven (für Tequila). Nicht korrekt destillierter Ethanol kann gefährliche Stoffe wie **Methanol** enthalten, von dem man erblinden kann.

Technischer Alkohol wird durch die Reaktion von aus Erdöl gewonnenem Ethen mit Wasser hergestellt. Damit er nicht als unversteuerter Trinkalkohol verwendet

wird, wird er **vergällt**; das heißt, man fügt unangenehm schmeckende Stoffe hinzu.

Anwendung
Ethanol ist verantwortlich für den Einfluss alkoholischer Getränken auf unseren Körper. Es treten rauschartige Zustände ein, bei hohem Konsum zeigen sich Vergiftungserscheinungen bis hin zum Tod. Regelmäßiger Konsum kann zur Abhängigkeit führen.

Im **Haushalt** findet man Ethanol z.B. in Brennspiritus, in Desinfektions- und Reinigungsmitteln, in Kosmetikprodukten, in Filzstiften oder als Fleckenentfernungsmittel. Für **Arzneimittel** wird Ethanol aufgrund seiner Löslichkeit von sowohl hydrophilen als auch hydrophoben Stoffen als Extraktionsmittel und Lösungsmittel für ätherische Öle und Wirkstoffe verwendet.

In der **chemischen Industrie** ist Ethanol ebenfalls als häufiges Lösungsmittel im Einsatz, z.B. in der Lack- und Farbenindustrie. Ethanol ist Ausgangsstoff für mehrere Produkte wie Ethansäure und Ethen. Auch als Beimischung in Kraftstoffen oder als reiner **Treibstoff** („Bioethanol" aus nachwachsenden Rohstoffen) kann er verwendet werden. Allerdings ist diese Anwendung umstritten, da große Monokulturflächen zum Anbau der Biomasse benötigt werden.

12.2 Carbonsäuren

Funktionelle Gruppe

Die funktionelle Gruppe der Carbonsäuren heißt **Carboxylgruppe**. Der Name dieser Gruppe setzt sich zusam-

men aus der bereits bekannten **Hydroxylgruppe** und der **Carbonylgruppe**, bei der ein Sauerstoffatom mit einer Doppelbindung an dasselbe Kohlenstoffatom gebunden ist wie die Hydroxylgruppe.

Carbonsäuren weisen als funktionelle Gruppe die **Carboxlgruppe (COOH-Gruppe)** auf. An ein endständiges Kohlenstoffatom sind gleichzeitig ein Sauerstoffatom mit einer Doppelbindung (= Carbonylgruppe) sowie eine Hydroxylgruppe mit einer Einfachbindung gebunden.

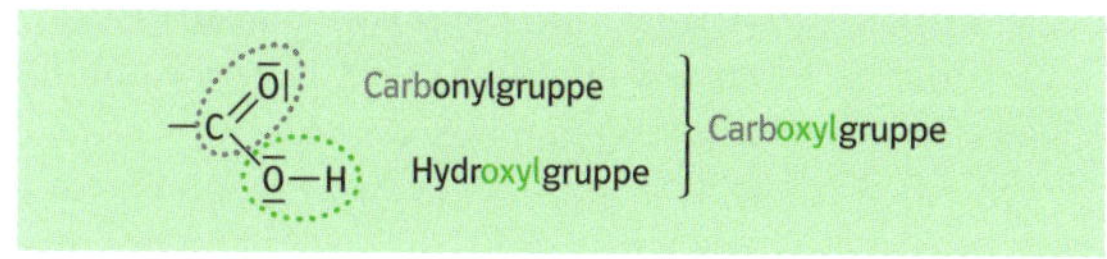

Eigenschaften

Carbonsäuren weisen wie die Alkohole Kohlenstoff, Wasserstoff und Sauerstoff als entscheidende Elemente auf. Allerdings sind diese Elemente im Molekül anders angeordnet als bei den Alkoholen.

Alkansäuren: Homologe Reihe, Namen, Summenformel

Die Alkansäuren entstehen durch Oxidation der Alkanole, sind also aus Carboxylgruppe und Alkylrest aufgebaut. Sie sind eine Untergruppe der Carbonsäuren und bilden eine homologe Reihe durch Erweiterung um den Baustein CH_2. Ihre Namen werden aus dem Stammnamen des entsprechenden Alkans sowie der Endung „-säure“ gebildet, z.B. Methansäure und Propansäure. Wie bei den Alkoholen wird auch hier bei der Summenformel die funktionelle Gruppe bewusst herausgestellt;

sie lautet $C_nH_{2n+1}COOH$. In flüssiger Form weisen sie einen starken, oft stechend unangenehmen **Geruch** auf. So ist Butansäure für den Geruch von ranziger Butter verantwortlich und im Schweiß von Säugetieren enthalten.

Die homologe Reihe der Carbonsäuren

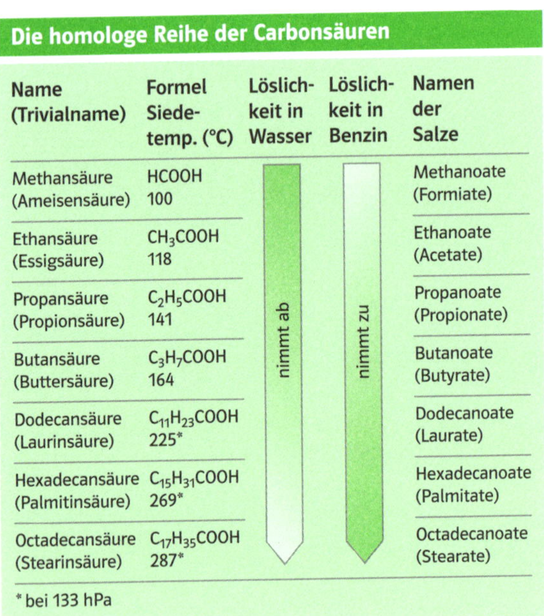

Name (Trivialname)	Formel Siedetemp. (°C)	Löslichkeit in Wasser	Löslichkeit in Benzin	Namen der Salze
Methansäure (Ameisensäure)	HCOOH 100	nimmt ab	nimmt zu	Methanoate (Formiate)
Ethansäure (Essigsäure)	CH_3COOH 118			Ethanoate (Acetate)
Propansäure (Propionsäure)	C_2H_5COOH 141			Propanoate (Propionate)
Butansäure (Buttersäure)	C_3H_7COOH 164			Butanoate (Butyrate)
Dodecansäure (Laurinsäure)	$C_{11}H_{23}COOH$ 225*			Dodecanoate (Laurate)
Hexadecansäure (Palmitinsäure)	$C_{15}H_{31}COOH$ 269*			Hexadecanoate (Palmitate)
Octadecansäure (Stearinsäure)	$C_{17}H_{35}COOH$ 287*			Octadecanoate (Stearate)

* bei 133 hPa

Alkansäuren: Einfluss der Kettenlänge

Auch die Alkansäuremoleküle haben wie die Alkohole einen **polaren** Teil (Carboxylgruppe) und einen **unpolaren** (Alkylrest). Sie können untereinander und mit geeigneten Molekülen (z.B. Wassermoleküle) **Wasserstoffbrücken** ausbilden. Dies beeinflusst die Eigenschaften.

- **Siede- und Schmelztemperatur**: Die Siedetemperaturen liegen im Vergleich zu den entsprechenden Alkanolen wegen der polaren Carboxylgruppe deutlich höher. Aufgrund der zunehmenden Van-der-Waals-Kräfte nimmt die Siedetemperatur mit wachsender Kettenlänge zu. Die kürzeren Alkansäuren sind bei Normaldruck und Raumtemperatur flüssig, ab der Decansäure (Schmelzpunkt 31,3 °C) fest.
- **Löslichkeit**: Bis zu einer Kettenlänge von vier Kohlenstoffatomen sind Alkansäuren unbegrenzt in Wasser löslich, danach nimmt die Wasserlöslichkeit wegen des immer stärker werdenden unpolaren Charakters ab; sie werden also zunehmend hydrophob sowie lipophil. In Benzin sind Alkansäuren ab Ethansäure unbegrenzt mischbar.

Besonders wichtig: Amphiphilie

Kurzkettige Alkohole und Carbonsäuren gehören zu den amphiphilen Stoffen. Das sind Stoffe, die sich sowohl in polaren als auch in unpolaren Lösungsmitteln lösen. Man setzt sie häufig als Lösungsvermittler zwischen zwei sonst unmischbaren Flüssigkeiten ein.

Saurer Charakter

Wasserlösliche Carbonsäuren dissoziieren **schwach** in Wasser. Es findet zu einem geringen Anteil ein Protonenübergang von Säuremolekül auf Wassermolekül statt, so dass Säureanionen und Oxoniumionen in geringen Konzentrationen entstehen.

$$CH_3-C(=\overline{O}|)-\overline{\underline{O}}-H \; + \; H_2O \; \rightleftharpoons \; CH_3-C(=\overline{O}|)-|\overline{\underline{O}}|^{\ominus} \; + \; H_3O^{\oplus}$$

Einige wichtige Carbonsäuren

Hier geht's zum passenden Lern-Video.

Viele Carbonsäuren sind weit verbreitet und haben Trivialnamen.

- **Ethansäure**, besser bekannt als **Essigsäure**, wird durch enzymatische Oxidation von Ethanol gewonnen. Der im Haushalt verwendete **Essig** ist mit Wasser verdünnte Essigsäure, welche aus unterschiedlichen Ethanol-Lösungen (z.B. Wein) gewonnen wird.
- **Methansäure** ist die einfachste Alkansäure und der Verteidigungsstoff von Ameisen sowie anderer Tiere und Pflanzen wie Brennnesseln. Deshalb heißt sie im allgemeinen Sprachgebrauch **Ameisensäure**.
- Als **Fettsäuren** bezeichnet man lange Alkansäuren, die aus Fetten gewonnen werden können. Sie dienen zur Herstellung von Wachsen und Seifen. Einige **ungesättigte Fettsäuren**, also solche mit einer oder mehrerer Mehrfachbindungen in der Kohlenstoffkette, sind für den Menschen **lebensnotwendig**. Da unser Körper sie nicht selber herstellen kann, müssen wir sie mit der Nahrung, z.B. durch Pflanzenöle, aufnehmen.
- **Milchsäure** ist eine natürlich vorkommende Carbonsäure, die bei der Vergärung von Zuckern durch Bakterien entsteht. Im Gegensatz zu den vorher genannten Stoffen ist sie keine Alkansäure, da sie eine zusätzliche Hydroxyl-Gruppe enthält. Man findet sie z.B. in sauer gewordener Milch und in Produkten wie Joghurt und Buttermilch.

12.3 Ester

Funktionelle Gruppe

Die funktionelle Gruppe von Estern ist die ROOR'-Gruppe, wobei R und R' als Platzhalter für identische oder unterschiedliche Alkylreste stehen.

$$R\!-\!C(=O)\!-\!OR'$$

Synthese

Lässt man **Säuren** mit **Alkoholen** reagieren, so entstehen langsam **Ester** und **Wasser**. Gibt man etwas Schwefelsäure hinzu, beschleunigt sich die Reaktion deutlich – die Säure wirkt als **Katalysator** (s. S. 73). Eine solche Reaktion, bei der sich Moleküle unter Abspaltung von Wasser oder anderen kleinen Molekülen verbinden, nennt man **Kondensationsreaktion**.

$$H_3C\!-\!C(=O)\!-\!O\!-\!H + H\!-\!O\!-\!C_2H_5 \rightleftharpoons H_3C\!-\!C(=O)\!-\!O\!-\!C_2H_5 + H_2O$$

Ethansäure + Ethanol ⇌ Ethansäureethylester Wasser

$$R\!-\!C(=O)\!-\!O\!-\!H + H\!-\!O\!-\!R' \underset{\text{Esterspaltung}}{\overset{\text{Esterbildung}}{\rightleftharpoons}} R\!-\!C(=O)\!-\!O\!-\!R' + H_2O$$

Diese Reaktion läuft nicht vollständig ab, sie ist eine **Gleichgewichtsreaktion** (angedeutet durch zwei Pfeile in der Reaktionsgleichung): Setzt man die Edukte stöchiometrisch (rechnerisch) genau ein, so werden sie nicht vollständig zu den Produkten reagieren. Gibt man hinge-

gen eine größere Menge eines Edukts hinzu oder entfernt man ein Produkt, so verschiebt sich das Gleichgewicht nach rechts und die Menge an Produkten vergrößert sich. In der Praxis wird meistens das Wasser, z.B. durch Destillation, entfernt. Umgekehrt lassen sich Ester bei einem Überschuss von Wasser in ihre Edukte spalten. Diese Reaktion heißt **Hydrolyse** (Spaltung durch Wasser).

Eigenschaften

Zur **Benennung** eines Esters wird der Name der Säure, der Name der Alkylgruppe des Alkohols sowie die Bezeichnung „-ester" verwendet. Reagieren Essigsäure und Ethanol, so entstehen Wasser und Essigsäureethylester – welcher auch als **Essigester** oder **Ethylacetat** bekannt ist.

Ester unterscheiden sich stark von ihren Edukten. Ihre **Siedetemperaturen** liegen unter denen von Carbonsäuren und Alkoholen ähnlicher Kettenlänge, da sie aufgrund einer fehlenden Hydroxylgruppe keine Wasserstoffbrückenbindungen ausbilden. Die **Löslichkeit** kurzkettiger Ester in Wasser ist aufgrund des Einflusses der unpolaren Alkylreste nicht sehr hoch, in Benzin ist sie unbegrenzt. Kurzkettige Ester **riechen** angenehm. **Anwendung** finden kurzkettige Ester als Duftstoffe oder als Lösungsmittel.

12.4 Polymere

Grundsätzliches

Als Polymere bezeichnet man Stoffe, die aus vielen gleichartigen Bausteinen zusammengesetzt sind und sehr lange Kohlenstoffketten bilden.

Polymere (**Kunststoffe**) bestehen aus sehr großen Molekülen (**Makromoleküle**). Sie werden meistens aus Erdölprodukten hergestellt. Aber auch natürliche Edukte wie Kautschuk aus dem Kautschukbaum werden verwendet.

Typische Edukte sind ungesättigte Kohlenwasserstoffe, z.B. entsteht aus Ethen **Polyethylen**. Aber auch aus Molekülen mit weiteren Elementen wie Chlor stellt man Kunststoffe her. Solche Ausgangsstoffe für Polymere bezeichnet man allgemein als **Monomere**.

Monomere und die entsprechenden Polymere

Monomerbaustein	Ausschnitt aus der Polymerkette
$H_2C=CH_2$ Ethen	Polyethen (PE)
$H_2C=CH-CH_3$ Propen	Polypropen (PP)
$H_2C=CHCl$ Chlorethen, Vinylchlorid	Polyvinylchlorid (PVC)

Einteilung

Je nach Verhalten bei Erwärmung, welches u.a. von der Vernetzung der Moleküle abhängt, unterteilt man Polymere in drei Gruppen.

- **Thermoplaste** schmelzen beim Erhitzen. In ihnen liegen **fadenförmige** Moleküle vor.
- **Elastomere** sind nicht schmelzbar. Typisch für sie sind ihre Verformbarkeit bei mechanischer Einwirkung und die Rückkehr in die ursprüngliche Form nach Beenden der Einwirkung. Sie bestehen aus verknäuelten und **großmaschig vernetzten** Molekülen.
- **Duroplaste** zersetzen sich bei großer Hitzeeinwirkung. Sie sind hart und spröde und bei Wärme nicht verformbar. Ihre Moleküle sind **engmaschig vernetzt**.

Beispiele:

Kunststoffart	Vertreter	Anwendung
Thermoplast	Polyethylen	Plastiktüte
Elastomer	Vulkanisierter Kautschuk	Gummiring, Autoreifen
Duroplast	Epoxidharz	Spielzeug

Lehrer-Tipp: Ester

„Die Veresterung ist in der Natur und in der chemischen Industrie sehr bedeutend: So sind Fette Produkte aus Propantriol (Glycerin) und Fettsäuren. In der Kunststoffindustrie werden Polyester hergestellt, z. B. aus Molekülen mit mehreren Säuregruppen und mehreren Alkoholgruppen. So ergeben sich lange Ketten.“

Ina Müller, Gymnasiallehrerin in Halle

Aggregatzustand ist die Zustandsform eines Stoffes: fest (Form und Volumen sind konstant), flüssig (Form ist veränderlich, Volumen ist konstant) oder gasförmig (Form und Volumen sind veränderlich).

Aktivierungsenergie ist die Energie, die aufgewendet werden muss, um eine Reaktion zu starten. Meistens handelt es sich um thermische Energie (Wärme).

Amphiphile Moleküle weisen sowohl hydrophile als auch hydrophobe Bereiche auf und sind deshalb sowohl in polaren als auch in unpolaren Lösungsmitteln löslich. Solche Stoffe können als Lösungsvermittler zwischen zwei unmischbaren Flüssigkeiten agieren (Tensid).

Amphotere sind Stoffe, die auf zwei Arten reagieren können; z. B. Säure-Base-Amphotere, die sowohl basisch als auch sauer reagieren.

Anionen sind negativ geladene Ionen. Sind sie frei beweglich, wandern sie in einem elektrischen Feld zur Anode.

Anode nennt man die positive Elektrode. An ihr finden Oxidationsreaktionen statt.

Atomare Masseneinheit ist die Masseeinheit atomarer Bausteine. Die Einheit ist u. Sowohl ein Proton als auch ein Neutron haben eine Atommasse von annähernd 1 u. Die Masse eines Elektrons ist deutlich geringer, sie beträgt $\frac{1}{1000}$ u.

Atome sind die kleinsten Bausteine in Elementen. Sie bestehen aus positiv geladenem Kern und negativ geladener Hülle. Atome eines Elements sind – bis auf mögliche Unterschiede in der Neutronenzahl – untereinander gleich. Von den Atomen anderer Elemente unterscheiden sie sich in Größe, Masse und Protonenzahl.

Atomhülle wird von negativ geladenen Elektronen gebildet und kann, je nach Element, aus mehreren Schalen bestehen. Diese Elektronen sind ständig in Bewegung.

Atomkern besteht aus neutralen Neutronen und positiv geladenen Protonen. Ausnahme: Das häufigste Wasserstoffatom weist im Gegensatz zu seinen Isotopen Deuterium und Tritium keine Neutronen im Kern auf.

Atommasse ist die Masse, die ein Atom aufweist und die für jedes Element spezifisch ist. Die Masse eines Moleküls setzt sich aus den Atommassen der einzelnen Elemente zusammen, aus denen es besteht.

Avogadro-Konstante ist $6{,}022 \times 10^{23}$.

B

Basen sind Protonenakzeptoren. Sie binden während und nach einer Reaktion Protonen H^+.

Bindungsarten, also Arten, wie Atome miteinander verbunden sein können, gibt es drei: Atombindung, Ionenbindung und Metallbindung.

C

Chemie ist die Lehre von der Stoffänderung.

Chemische Reaktion ist ein Vorgang, bei dem aus Ausgangsstoffen (Edukte) neue Stoffe (Produkte) entstehen.

D

Dichte ist eine physikalische Eigenschaft, die angibt, wie viel Masse ein bestimmtes Volumen eines Stoffes hat. Die offizielle Einheit ist $\frac{kg}{m^3}$, oft gibt man sie in $\frac{g}{cm^3}$ an. Das Formelzeichen ist ρ (Rho).

Dissoziation ist ein angeregter oder selbstständig ablaufender Zerfallsvorgang.

Donator-Akzeptor-Prinzip: Allgemeines Funktionsprinzip, nach dem sowohl Säure-Base-Reaktionen als auch Redoxreaktionen erklärt werden können.

Edelgasregel besagt, dass alle Atome eine mit Elektronen vollständig besetzte Außenschale wie die Edelgasatome anstreben, wodurch ihre Stabilität steigt. Dies ist die Triebfeder für alle Bindungen, die Atome miteinander eingehen.

Edelmetalle kommen als einzige Metalle in elementarer Form (gediegen) in der Natur vor. Beispiele sind Platin, Palladium, Gold, Silber. Sie lassen sich – bis auf Silber – nicht mit Sauerstoff zu Metalloxiden verbrennen und sind korrosionsbeständig. Außerdem werden sie nicht wie andere Metalle von Salzsäure angegriffen.

Edukte sind die Ausgangstoffe einer Reaktion.

Elektronen sind die negativ geladenen Bausteine der Atomhüllen. Ihre Masse beträgt nur $\frac{1}{1000}$ der Nukleonen.

Elementare Stoffe/Elemente sind Reinstoffe, die sich nicht in andere Stoffe zerlegen lassen, auch nicht durch eine chemische Reaktion. Ein Element wird durch die Anzahl der Protonen in seinen Atomkernen definiert.

Endotherm nennt man eine Reaktion, der permanent Energie zugeführt werden muss, z.B. in Form von Wärme oder elektrischer Energie. Sie verläuft nicht freiwillig.

Exotherm nennt man eine Reaktion, die nach Aufwenden einer Aktivierungsenergie von alleine abläuft. Es wird Energie frei, z.B. in Form von Wärme.

F

Fossile Brennstoffe sind solche Energieträger, die aus Abbauprodukten von vor langer Zeit abgestorbener Tier- und Pflanzenteile stammen: Kohle, Erdgas, Erdöl und Torf. Es sind unsere Hauptenergieträger.

H

Heterogen bedeutet uneinheitlich. So ist ein Stoffgemisch heterogen, wenn man die unterschiedlichen Bestandteile erkennen kann.

Homogen bedeutet einheitlich. So kann man bei einem homogenen Stoffgemisch mit bloßem Auge nicht erkennen, dass es aus mehreren Stoffen besteht.

Hydrophil bedeutet „wasserfreundlich"; Stoffeigenschaft: gut löslich in polaren Lösungsmitteln wie Wasser, schlecht löslich in unpolaren Lösungsmitteln. Entspricht häufig der Eigenschaft „lipophob".

Hydrophob bedeutet „wasserfeindlich"; Stoffeigenschaft: schlecht löslich in polaren Lösungsmitteln wie Wasser, gut löslich in unpolaren Lösungsmitteln. Entspricht häufig der Eigenschaft „lipophil".

I

Indikator ist ein Stoff, der Änderungen anzeigt, z. B. durch Farbumschlag. Die bekanntesten Indikatoren sind pH-Indikatoren, die je nach pH-Wert charakteristische Farben aufweisen.

Ion ist ein geladenes Teilchen. Weist es einen Elektronenüberschuss auf, ist es negativ geladen und es heißt Anion, bei einem Elektronenmangel ist es positiv geladen und es heißt Kation.

Isotope eines Elements sind Atome gleicher Protonen-, aber unterschiedlicher Neutronenzahl.

Katalysatoren senken die für eine Reaktion notwendige Aktivierungsenergie. Dadurch läuft die Reaktion schneller ab. Katalysatoren verbrauchen sich nicht. Edukte und Produkte sind identisch mit denen der entsprechenden unkatalysierten Reaktion. Manche Reaktionen werden erst durch einen Katalysator ermöglicht, z. B. die Ammoniakherstellung nach dem Haber-Bosch-Verfahren.

Kathode nennt man die negative Elektrode. Sie gibt Elektronen ab, an ihr finden Reduktionsreaktionen statt.

Kationen sind positiv geladene Ionen. Sind sie frei beweglich, wandern sie im elektrischen Feld zur Kathode.

Korrosion (Verwitterung) ist der allgemeine Begriff für die Veränderung der Oberfläche eines Werkstoffs. Bekanntestes Beispiel ist rostendes Eisen.

Lipophil bedeutet „fettfreundlich"; Stoffeigenschaft: schlecht löslich in polaren Lösungsmitteln wie Wasser, gut löslich in unpolaren Lösungsmitteln. Entspricht häufig der Eigenschaft „hydrophob".

Lipophob bedeutet „fettfeindlich"; Stoffeigenschaft: gut löslich in polaren Lösungsmitteln wie Wasser, schlecht löslich in unpolaren Lösungsmitteln. Entspricht häufig der Eigenschaft „hydrophil".

Luft nennt man das Gasgemisch der Erdatmosphäre. Hauptbestandteile sind Stickstoff (etwa 78 % Volumenanteil) und Sauerstoff (etwa 21 % Volumenanteil). Daneben enthält sie noch Edelgase und Kohlenstoffdioxid.

Mol ist die Einheit der Stoffmenge. Ein Mol ist gleichbedeutend mit $6{,}022 \times 10^{23}$ Teilchen.

Molare Masse ist die Masse in g, die ein Mol eines Stoffes hat. Sie entspricht vom Betrag seiner Atommasse. Die Einheit ist $\frac{g}{mol}$, das Formelzeichen ist *M*.

Molekül nennt man den Zusammenschluss mehrerer Atome mit einer definierten Teilchenanzahl. Sie sind durch Atombindungen miteinander verknüpft.

Neutronen sind ungeladene Bauteile des Atomkerns. Die Masse eines Neutrons entspricht der eines Protons.

Normaldruck der Atmosphäre beträgt 1013 hPa = 1,013 bar. Die Angabe des Drucks ist wichtig für physikalische Eigenschaften, denn diese ändern sich je nach Druck (z. B. Schmelz- und Siedepunkt).

Nukleonen ist die Bezeichnung für die beiden Atomkernbauteilchen Proton und Neutron.

Organische Chemie beschäftigt sich nur mit Kohlenstoffverbindungen. Ausnahmen sind Kohlenstoffverbindungen wie Kohlenstoffdioxid, Kohlensäure und ihre Salze, die man zur anorganischen Chemie zählt.

Oxidation ist im engeren Sinne die Reaktion eines Stoffes mit Sauerstoff, im weiteren und gebräuchlichen Sinne die Abgabe von Elektronen.

Oxoniumionen ist der Name der H_3O^+-Ionen (protonierte Wassermoleküle), welche beim Lösen von Säuren in Wasser entstehen. Sie sind die für alle sauren Lösungen charakteristischen Teilchen. Ihre Konzenztration bestimmt den pH-Wert.

Periodensystem ist eine Übersicht aller Elemente, wobei in den Perioden (Zeilen) von links nach rechts die Anzahl der Protonen im Kern um jeweils eins zunimmt und in den Gruppen (Spalten) von oben nach unten die Anzahl der Elektronenschalen um eins zunimmt.

pH-Wert gibt an, wie sauer oder basisch eine wässrige Lösung ist; genauer: wie viele Oxoniumionen in einem bestimmten Volumen der wässrigen Lösung enthalten sind. 0 bis 6,9 nennt man sauer, 7 ist neutral, 7,1 bis 14 ist basisch.

Physikalische Methoden sind solche Methoden, bei denen Stoffe unverändert bleiben.

Produkte sind die Stoffe, die bei einer Reaktion entstehen.

Protonen sind positiv geladene Bauteile des Atomkerns. Man verwendet den Begriff auch für das Wasserstoffion H^+.

Raumtemperatur ist bei der Angabe von physikalischen Größen in diesem Buch definiert mit 20 °C (293 K).

Redoxreaktion beschreibt den Elektronenübergang von einem dadurch oxidierten Stoff (Elektronendonator) auf einen dadurch reduzierten (Elektronenakzeptor).

Reduktion ist im engeren Sinne die Abgabe von Sauerstoff, im weiteren gebräuchlichen Sinne die Aufnahme von Elektronen.

Reinstoffe sind Stoffe, die sich durch physikalische Methoden nicht auftrennen lassen. Sie sind mittels ihrer individuellen Eigenschaften bestimmbar.

Salze sind Ionenverbindungen aus Anionen und Kationen.

Säure-Base-Reaktion beschreibt den Protonenübergang von einer Säure (Protonendonator) auf eine Base (Protonenakzeptor).

Säuren sind Protonendonatoren. Sie bilden mit Wasser durch Protonenübertragung H_3O^+-Ionen (Oxoniumionen) und ein Säureanion. Je mehr Säuremoleküle zerfallen, desto stärker die Säure. Säuren weisen einen pH-Wert zwischen 0 und 6,9 auf, wobei die Säure umso stärker ist, je kleiner der Wert ist (desto mehr Oxoniumionen).

Schmelzpunkt ist die Temperatur, an der ein Stoff vom festen in den flüssigen Aggregatzustand wechselt. Beim umgekehrten Vorgang spricht man vom Erstarrungspunkt.

Siedepunkt ist die Temperatur, an der ein Stoff vom flüssigen in den gasförmigen Aggregatzustand wechselt. Umgekehrter Vorgang: Kondensationspunkt.

Sublimation ist der direkte Wechsel des Aggregatzustands von fest nach gasförmig.

Stoffe werden unterteilt in Reinstoffe und Stoffgemische.

Stoffgemische bestehen aus mehreren Reinstoffen und lassen sich durch physikalische Methoden in diese auftrennen.

Stoffmenge wird angegeben in der Einheit mol, das Formelzeichen ist *n*. 1 Mol eines Stoffes enthält $6{,}022 \times 10^{23}$ Teilchen (Atome, Moleküle etc).
Berechnung: $n = \frac{m}{M}$ (Masse geteilt durch molare Masse)

Stoffmengenkonzentration gibt an, welche Stoffmenge in einem bestimmten Volumen gelöst ist. Die Einheit ist mol/L, das Formelzeichen ist *c*. $c = \frac{n}{V}$ *kursiv?*

Teilchenmodell beschreibt Atome als winzige Teilchen. Dadurch lassen sich Aggregatzustände und chemische Reaktionen erklären.

Titration ist eine analytische Möglichkeit, die Konzentration einer Säure- oder Alkalilösung mittels Neutralisationsreaktion und der Verwendung eines Indikators zu bestimmen.

Van-der-Waals-Kräfte sind schwache Wechselwirkungen zwischen Atomen oder Molekülen aufgrund induzierter Dipole durch Elektronenbewegung.

Verbindungen sind Reinstoffe, die sich nicht durch physikalische, aber durch chemische Methoden (Stoffänderung) in mindestens zwei elementare Stoffe zerlegen lassen.

Wasserstoffbrücken sind bestimmte Wechselwirkungen zwischen Molekülen. Ursache ist eine Anziehung aufgrund positiver Teilladung am Wasserstoffatom und negativer Teilladung am Sauerstoffatom.